Thomas Riegler
Praxis des Sat-Empfangs
Ein Handbuch für Einsteiger

Praxis
des Sat-Empfangs

Ein Handbuch für Einsteiger

Thomas Riegler

Verlag für Technik und Handwerk
Baden-Baden

 Satellit-Fachbuch

Best.-Nr. 411 0081

Redaktion: Michael Büge
Lektorat: Frank Sichla

Die Deutsche Bibliothek – CIP-Einheitsaufnahme

Riegler, Thomas:
Praxis des Sat-Empfangs : ein Handbuch für Einsteiger / Thomas
Riegler. - Baden-Baden : Verl. für Technik und Handwerk, 2002
ISBN: 3-88180-381-5

1. Auflage 2002 by Verlag für Technik und Handwerk
Postfach 22 74, 76492 Baden-Baden

Titelfoto: Mit freundlicher Unterstützung der Fa. WISI,
75223 Niefern-Oeschelbronn.

Printed in Germany
Druck: WAZ-Druck, Duisburg

Inhaltsverzeichnis

1. Die Satellitenanlage – Überlegungen vor dem Kauf

Satellitenfernsehen und -radio ist seit mehr als 15 Jahren Realität. Im Anfang noch etwas Besonderes, Kostspieliges, gehört es heute beinahe schon zur Grundausstattung eines jeden Haushalts. Denn nicht nur der Empfang mit eigener Schüssel, sondern auch Kabelfernsehen ist Sat-Empfang. In der Pionierzeit war selbst der Empfang aller deutschen Programme abenteuerlich. Benötigt wurden etwa 2 m große, drehbare Anlagen, um den sich ständig ändernden Bedingungen gewachsen zu sein. Mit der Zeit wurde die Technik wesentlich verbessert. Der entscheidende Fortschritt waren zweifelsohne die geostationären Satelliten, welche eine fixe Antenne erlauben. Die Zeiten, in denen Teile unserer beliebten Sender auf Intelsat (60° Ost), Eutelsat (13° Ost), Astra (19,2° Ost), Kopernikus (23,5° Ost) und TV-Sat 2 (19° West) verteilt waren, sind ebenfalls vorbei. Heute kommt man mit lediglich zwei Positionen aus und kann mit einfachen Mitteln aus dem Vollen schöpfen. Nur eines sollte klar sein: Man muss noch immer mit sich ändernden Gegebenheiten rechnen und sollte zumindest teilweise für die Zukunft gewappnet sein.

1.1 Was will man sehen?

Satellitenanlagen gibt es viele. Kleine, große, sich drehende und noch viel mehr... Welche ist aber die richtige? Bevor man sich also in die Höhle des Löwen, sprich zum Satellitenfachhandel begibt, sollte man sich einige Gedanken machen, was man überhaupt will. Hat man bereits bestimmte Wünsche oder Vorstellungen, kann man sicher sein, das Richtige zu bekommen.

Die Grundsatzfrage lautet: *Was will ich sehen?* Die Antwort wird nicht zwangsweise Astra und damit so gut wie alle deutschsprachigen Programme heißen. Denken wir nur an den Italiener an der Ecke, den türkischen Arbeitskollegen oder etwa den Ägypter an der Tankstelle... sie alle mögen den Wunsch verspüren, Sendungen aus ihrer Heimat oder zumindest in ihrer Muttersprache empfangen zu wollen. Es mag aber genauso gut sein, dass man selbst, sei es zur Verbesserung von Sprachkenntnissen oder einfach getrieben vom Interesse an fremden Kulturen, etwas mehr sehen will.

Jede Sprachgruppe hat „ihre" Satellitenposition. Astra auf 19,2° Ost bringt uns die große deutsche Senderwelt in die Stuben. Türkische Programme empfängt man am besten über Türksat 42° Ost, und die Araber kommen entweder über Arabsat auf 26° Ost, Eutelsat auf 16° Ost oder Nilesat auf 7° Ost. Dann gibt es noch Satellitenpositionen, auf denen z. B. vorwiegend französisch oder skandinavisch gesprochen wird. Eine Sonderstellung nimmt zweifelsohne Eutelsat Hotbird auf 13° Ost ein. Hier hat sich die halbe Welt versammelt, und es gibt beinahe aus jeder Region zumindest einen Sender. Man sieht a!so: viele Satelliten, ein riesiges Angebot! Die Antennengröße richtet sich nach dem zu empfangenden Satelliten.

Über Astra werden alle wichtigen deutschen Fernsehsender übertragen.

Auch die Privaten sind mit jeder handelsüblichen Satellitenanlage zu bekommen.

Es gibt noch mehr zu sehen: FOX News ist neben CNN ein weiterer US-Nachrichtenkanal, der besonders in Krisenzeiten Aufmerksamkeit auf sich zieht.

Für die in Europa interessanten Orbitpositionen werden ca. 60 bis 120 cm Durchmesser benötigt. Obwohl Astra für die Kernausleuchtzone 60er Schüsseln als Mindestgröße empfiehlt, sollte man zur 75er oder 90er Antenne greifen. Warum? Weil man dadurch wesentlich mehr Spielraum für künftige Erweiterungen hat. Die 90-cm-Antenne kann in unseren Breiten als Universalspiegel betrachtet werden. Sie bietet ausreichend Reserve für Spielereien, schlechtes Wetter und sich eventuell verändernde Gegebenheiten im Orbit.

Normalerweise wird das Anpeilen einer oder zweier Positionen den Wünschen entsprechen. Es kann so gut wie immer mit einer einzigen Schüssel realisiert werden („schielende" Anlage).

1.2 Wie viele Teilnehmer?

Als nächstes gilt zu klären, wie viele Teilnehmer mit dem himmlischen Vergnügen versorgt werden sollen. Die klassische Einteilnehmeranlage gestattet lediglich den Anschluss eines einzigen Satellitenempfängers. Das meist stolz im Wohnzimmer thronende Gerät wird aber innerhalb einer Familie mehr für Zündstoff als traute Einigkeit sorgen. Bei mindestes 40 Kanälen lassen sich kaum die Interessen von Mann, Frau, Sohn und Tochter unter einen Hut bringen. So manche Missstimmung wird die unausweichliche Folge sein. Selbst für einen Einfamilienhaushalt sollte man daher eine Mehrteilnehmer-Anlage in Erwägung ziehen. Meist wird der Empfang auch in Küche, Jugend- oder Schlafzimmer gewünscht. Zumindest die Anschlussmöglichkeit für vier Teilnehmer sollte man vorsehen.

Mehrteilnehmer-Anlage heißt auch das Schlüsselwort für gemeinsamen Satellitenempfang in mehreren Haushalten. Sind in einem Gebäude mehrere Wohnungen vorhanden, ist es sinnvoll, eine gemeinsame Anlage zu installieren. Das spart nicht nur Kosten, sondern dient vor allem dem Aussehen des Hauses, denn man benötigt nur eine Schüssel. Vor allem bei Gemeinschafts-, aber auch bei Mehrteilnehmer-Anlagen im Einfamilienhaushalt sollte man die Kaskadierfähigkeit nicht außer Acht lassen. Darunter ist die Möglichkeit des leichten Erweitern (zusätzliche Anschlüsse) zu verstehen.

1.3 Wahl des Empfängers

Weiter stellt sich die Frage nach dem richtigen Satellitenempfänger. Da der Markt eine unübersehbare Anzahl an Modellen parat hält, fällt die Wahl schwer. Je nach gewünschten Einsatzmöglichkeiten reduziert sich jedoch der Auswahlspielraum.

Die zu empfangenden Fernsehprogramme beantworten indirekt die Frage nach Analog- oder Digitalempfang. Schon seit Jahren ist das deutsche Digitalangebot mannigfaltiger als das analoge. Obwohl so gut wie alle Kanäle Anfang 2002 noch in beiden Modi übertragen werden, bieten doch beide Ausstrahlungsvarianten einige exklusive Angebote. Eine Momentaufnahme: Während die ARD digital mit Eins Extra, Eins MuXX, Eins Festival, der saarländischen Version von SWR3 und der 24-Stunden-Ausstrahlung von B1 sowie dem

Kulturkanal arte lockt, ködert das ZDF mit ZDF Doku, dem ZDF Theaterkanal und ZDF Info. Nicht zuletzt steuert die Deutsche Welle ihr Auslandsfernsehen und der österreichische ORF seinen Tourismus und Wetterkanal TW1 bei. Neben dem Reisekanal Via1 sind ferner Pro Sieben und Kabel 1 mit ihren österreichischen und schweizerischen Programmversionen vertreten. Ausschließlich auf analoge Verbreitung setzen B.TV, TV Travel Shop Deutschland und RTL Shop. Auf Eutelsat Hotbird 13° Ost gesellen sich im digitalen Modus noch K-TV Fernsehen, ein österreichischer privater Kulturkanal, Sat1 Österreich, RTL2 Österreich, Super RTL Österreich, Sat1 Schweiz und RTL2 Schweiz, sowie das teilweise deutsch sendende NBC Europe hinzu.

Will man alle analogen und digitalen Sender, kommt ein Kombi-Receiver in Frage. Er rangiert zwar in höheren Preisregionen, bietet aber neben dem vollen Fernsehangebot auch den Zugriff zu analogen und digitalen Radiosendungen. Apropos Radioempfang: Hier stellt sich die Frage, ob auch Astra Digital Radio (ADR), eine digitale Sendenorm nur auf Astra

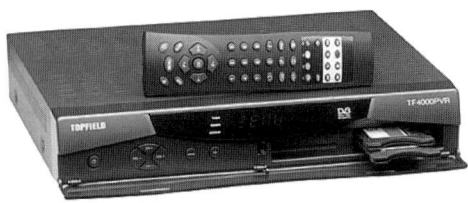

Receiver gibt es wie Sand am Meer. Der Topfield TF 4000 PVR ist ein Digitalempfänger mit zwei Tunern, Common Interface und integrierter Festplatte.

Satellitenempfänger spielen auch beim Camping eine Rolle. Trotz kompakter Abmessungen sind sie sehr leistungsfähig. Im Bild der Praxis Pocketsat 9500.

Auch der Echostar AD 3000 VIP gehört zu den Luxusgeräten am Satellitenhimmel. Er ist mit analogem und digitalem Empfangsteil sowie Positionierer ausgestattet.

von Interesse ist. Nach dem ADR-Verfahren senden über 80 deutsche öffentlich-rechtliche und private Stationen. Zum Empfang sind aber spezielle Receiver erforderlich. Diese sind noch vereinzelt als reine ADR-Geräte, normalerweise aber in Kombination mit analogen Satellitenempfängern erhältlich. Einen Empfänger, der sich sowohl auf Analog-, ADR und Digitalempfang versteht, gibt es leider nicht.

Bei den Digitalempfängern erschweren nicht weniger als vier unterschiedliche Varianten die Auswahl. Die einfachsten Geräte sind sogenannte Free-to-Air-Empfänger. Mit ihnen lassen sich alle unverschlüsselt ausgestrahlten Programme empfangen. Für den deutschen Markt mag dies reichen, nicht aber für Österreich oder der Schweiz. Sowohl der ORF wie auch die SRG strahlen ihre Programme aus urheberrechtlichen Gründen verschlüsselt aus. Obwohl neben der ohnehin zu entrichtenden Rundfunkgebühr keine Kosten anfallen, benötigt man zum Empfang der Heimatprogramme in diesen Ländern einen Decoder und eine Decodierkarte. Beim Digitalfernsehen ist der Decoder ein kleines, etwa scheckkartengroße Kästchen. Es besitzt einen PCMCIA-Anschluss und wird in einen entsprechenden Schacht des Digitalempfängers eingeschoben. Free-to-Air-Geräte bieten diesen nicht, wohl aber Common-Interface-Receiver (CI). Diese können auch mit mehreren Decoder-Schächten ausgestattet sein und jedes beliebige Modul aufnehmen. Dann stehen nicht nur alle Türen für den Empfang von ORF oder SRG, sondern auch verschiedener im deutschen Sprachraum oder ganz Europa abonnierbarer Pay-TV-Angebote offen. Auch wenn man noch nicht an den Abschluss eines solchen Abos denkt, beruhigt es doch, zu wissen, dies jederzeit ohne Wechsel des Satelliten-Receivers tun zu können.

Weiter bieten sich Digitalempfänger mit integriertem Decoder an. Diese werden z. B. von Premiere World beim Abschluss eines Abos angeboten (d-box 2). Für das von Premiere angewandte Verschlüsselungssystem Betacrypt war nur schwer an geeignete Decodiermodule heranzukommen bzw. gab der Pay-TV-Sender keine Decodierkarten ohne d-box aus. Es gilt also, schon vor dem Kauf einer Anlage einige Faktoren zu berücksichtigen. Bei der Kaufentscheidung sollte man sich nicht von preisgünstigen Sonderangeboten im Baumarkt verleiten lassen. Wer billig kauft, kauft nicht immer günstig. Neben der Erweiterungs- und Ausbaufähigkeit eines Systems ist auch die Qualität der einzelnen Komponenten sehr wichtig. Auch eine gute Beratung und ein immer verfügbarer Kundendienst sind manchmal viel mehr wert, als man vermuten möchte. Nicht zuletzt bieten Produkte alteingesessener Firmen oft ein Mehr an Empfangsgüte.

2. Antennentypen

Die Wahl der richtigen Satellitenantenne ist z. B. von Aufstellungsort und gewünschtem Programmspektrum abhängig.

Widmen wir uns zuerst den Antennenbauformen! Offset-, Prime-Focus-, Cassegrain- und Flachantennen sind am bekanntesten. Sonderformen lassen sich weitgehend auf diese vier Typen zurückführen.

2.1 Offset-Antenne

Diese Antenne hat sich beim Sat-Individualempfang weitgehend durchgesetzt. Kauft man sich heutzutage eine Schüssel für Astra- und/oder Eutelsat-Empfang, bekommt man so gut wie automatisch eine Offset-Antenne.

Besonders beim Empfang leistungsstärkerer Satelliten hat diese Vorteile. Offset heißt Versatz, Schräge. Der Brennpunkt ist gegenüber dem Antennenmittelpunkt etwas nach unten verschoben. Meist sind es an die 20°. Daher steht eine auf Astra gerichtete Offset-Antenne ziemlich senkrecht und kann so ohne großen

Prime-Focus-Antennen kommen vor allem bei größeren Durchmessern zum Einsatz.

Auch Gitterspiegel findet man nur bei großen Anlagen für's C-Band.

Flachantennen sind nur für leistungsstarke Direktempfangssatelliten im Ku-Band gedacht. Aufgrund ihrer kompakten Bauweise findet man sie oft im Campingbereich.

Aufwand an Hauswänden montiert werden. Ein weiterer, in unseren Breiten nicht unwesentlicher Vorteil ist das Abweisen von Schnee. Da die Schüssel nur 10 bis 15 Grad gen Himmel zeigt, hat es Schnee extrem schwer, im Reflektor Halt zu finden. Er rutscht einfach ab. Werden weitere, später behandelte Punkte beachtet, kann man die Offset-Antenne auch bedenkenlos an unzugänglichen Stellen, wie etwa auf dem Hausdach, montieren.

vertreten. Mit einem Digital-Receiver kommt man hier spielend auf 150 bis 200 uncodierte Programme aus aller Welt! Sprich, wem man multikulturelles Interesse nachsagt, der kann an der Hotbird-Position so gut wie nicht vorbei.

Was aber tun, um diesen zweiten Satelliten zu empfangen? Muss dazu eine zweite Schüssel auf's Dach? Mitnichten! Offset-Antennen lassen sich konstruktionsbedingt leicht auf Mehrsatellitenempfang erweitern. Hier wird

Offset-Antenne für den Astra-Empfang

Mit einer Doppel-Feed-Anlage sind alle Tore zum multikulturellen Empfang geöffnet. BBC World ist eines der Programme auf Eutelsat Hotbird 13° Ost.

2.2 Was bringt eine Multifeed-Anlage?

Astra empfängt Jedermann. Hier sind so gut wie alle relevanten deutschsprachigen Programme vertreten, und dank Digitalfernsehen wird das Angebot an unverschlüsselten Sendern immer größer. Oft will man aber mehr. Nur rund sechs Grad westlich von unserer beliebten Astraposition 19,2° Ost sind auf 13° Ost die Eutelsat-Hotbird-Satelliten zu finden. Auf ihnen senden nicht nur eine Reihe deutscher Stationen meist länderspezifische Programmversionen, sondern auch viele ausländische Kanäle. So findet man hier eine reichhaltige Auswahl an Angeboten mit den Sendesprachen Französisch, Englisch, Italienisch, Spanisch, Arabisch, Polnisch und viele mehr. Ja, sogar Stationen aus China und Thailand sind

Für den Doppel-Feed-Empfang werden in den Brennpunkt einer Antenne zwei Konverter montiert.

Fernsehen aus Spanien gehört ebenso dazu wie...

... polnisches TV und viele andere Stationen aus beinahe der ganzen Welt.

einfach eine zweite Empfangseinheit nahe dem Brennpunkt der Antenne montiert und „schielt" zur zweiten Orbitposition.

2.3 Prime-Focus-Antenne (Parabolantenne)

Während Offset-Spiegel primär als fix ausgerichtete Antennen für den Empfang leistungsstarker Ku-Band-Satelliten eingesetzt werden, finden Prime-Focus-Antennen vor allem bei erschwerten Empfangsbedingungen Anwendung. Sie sind besser unter dem Namen Parabolantenne bekannt. Da Offset-Antennen ab 1,5 m Durchmesser etwas unhandlich werden – der Auslegerarm für den Empfangskonverter ist schon sehr weit vom Reflektor entfernt – werden sie ungefähr ab dieser Größe von diesem Antennentyp abgelöst. Die Parabolantenne ist der Urvater aller Satellitenschüsseln. Man kann sie sich als ein Kugelsegment vorstellen. Der Brennpunkt liegt somit genau in der Mitte. Daraus resultiert, dass die Parabolantenne etwa um 20° mehr geneigt gen Himmel zeigt als die Offset-Antenne. Denkt man sich einen rechten Winkel bezogen zur Spiegelkante, so zeigt dieser genau auf den angepeilten Satelliten. Da Prime-Focus-Antennen also auch an der Rückseite beträchtlichen Platz benötigen, eignen sie sich kaum zur Wandmontage. Solche Anten-

Für japanisches Fernsehen bedarf es keiner großen Anlage. Auf Eutelsat Hotbird ist dieser Sender neben vielen anderen zu sehen.

Eine Offset-Antenne zeigt im Vergleich zur Prime-Focus-Antenne wesentlich steiler gen Himmel.

nen findet man bis etwa 1,8 m Durchmesser vereinzelt auf Hausdächern. Besser werden sie aber im Garten oder flachen Garagendächern aufgestellt. Klassische Parabolantennen wird man kaum fix auf einen Satelliten ausgerichtet, sondern in Drehanlagen antreffen. Wir merken schon: Sie sind nur etwas für Freaks.

2.4 Gitterantenne

Soll in erster Linie das C-Band empfangen werden, bietet sich bei Prime-Focus-Antennen eine vor allem in Amerika weit verbreitete Bauform an, die Mesh-Antenne. Mesh bedeutet Masche. Die Reflektoroberfläche ist nicht massiv, sondern ein Drahtgeflecht. Im C-Band, also dem 4-GHz-Bereich, ist die Wellenlänge gerade noch so groß, dass diese Strahlung am Drahtgeflecht mit fast dem gleichen Wirkungsgrad wie an einem Vollspiegel reflektiert wird. Mesh-Antennen werden aus Segmenten zusammengesetzt. Das macht aber nichts aus, da das C-Band kleine Ungenauigkeiten beim Zusammenschrauben toleriert.

Vorteile sind das geringe Gewicht, die Unauffälligkeit und der günstige Preis. Nachteilig sind die mangelhafte Stabilität und vor allem die bescheidenen Empfangsergebnisse im Ku-Band. Für diese Wellen ist das Raster einfach zu groß. So wirkt eine 3,1-m-Gitterantenne hier kaum besser als ein 1,8-m-Vollspiegel. Nur die Prime-Focus-Antenne als solcher kann hier weiterhelfen. Der klassische Vollspiegel bedeutet bei größeren Durchmessern einen wahren Anschlag auf das Bankkonto. Man erhält dafür aber ein solides Teil, das beinahe jeder Witterung trotzt und auch heftigsten Stürmen standhalten sollte. Aufgrund des beachtlichen Gewichts werden erhöhte Anforderungen an Standfuß und Halterung gestellt. Im Winter muss bei Parabolspiegeln mit Empfangsbeeinträchtigungen gerechnet werden. Während sich der Vollspiegel lediglich sehr schneeaufnahmefreudig zeigt, ist der Gitterspiegel vor Vereisung zu schützen. Eis ist bekanntlich schwer und kann aufgrund der eher leichten Bauweise des Reflektors zu irreparablen Schäden führen.

2.5 Cassegrain-Antenne

Eine interessante Sonderform stellt die Cassegrain-Antenne dar. Sie besitzt im Brennpunkt einen kleinen Subreflektor, der das Satellitensignal zusätzlich bündelt und so noch mehr aus der Antenne herausholt. Aus der Prime-Focus-Antenne hervorgegangen, findet man dieses System auch bei Offset-Antennen. Da sich aber der zusätzliche Gewinn für den Endverbraucher in kaum relevanten Regionen bewegt, ist diese Bauart nur vereinzelt anzutreffen, besonders bei transportablen Anlagen mit folglich kleinem Spiegel.

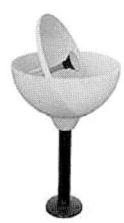

Das Cassegrain-Prinzip findet z. B. bei der Digiglobe-Antenne Anwendung. Dabei handelt es sich um eine in einer Kunststofkugel versteckte, kleine Prime-Focus-Antenne für den Ku-Band-Direktempfang leistungsstarker Satelliten.

2.6 Flach- oder Planarantenne

Hier haben wir es mit einer Spezialentwicklung zu tun. Sie besitzt weder Reflektor in klassischer Bauweise, noch LNC. Flachantennen haben eine quadratische Bauweise mit etwa 50 cm Kantenlänge und sind etwa 15 cm dick. Das ist aber nur die äußere Hülle. Diese schützt das für den Empfang zuständige komplexe System kleiner Dipolantennen im Inneren. Aufgrund deren Größe eignen sich Flachantennen nur für das Ku-Band. Laut Herstellerangaben erreichen sie etwa den Wirkungsgrad einer 60-cm-Offset-Antenne. Tatsache ist, dass damit nur leistungsstarke Satelliten angepeilt werden sollten. Bei analogen Programmen können bei Verwendung leistungsschwacher Receiver im Ausleuchtzonen-Randgebiet Spikes auftreten. Ihre Berechtigung haben sie besonders, wenn es darum geht, dass die Antenne möglichst unbemerkt bleibt, sowie beim Camping. Viele Wohnmobile und Wohnanhänger sind mit einer Flachantenne ausgerüstet.

Neben kleinen Offset-Antennen finden Flachantennen Einsatz bei Camping-Anlagen.

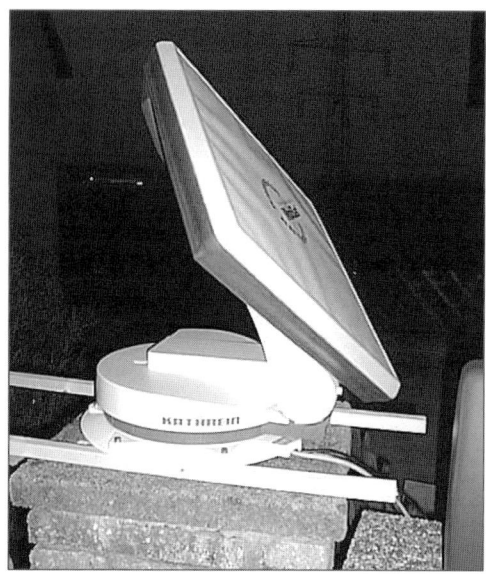

Kathrein-Flachantenne mit Steuergerät zur automatischen Satellitensuche

In Mitteleuropa sind damit sowohl auf Astra wie auch Eutelsat gute Resultate zu erzielen, vorausgesetzt, der Receiver besitzt einen leistungsstarken Tuner. Verfügt er auch über eine Low-Treshold-Funktion, kann man sogar weit außerhalb der Footprints beachtliche Empfangsergebnisse erwarten.

Vorteile der Flachantennen sind die kompakte Bauweise und die Möglichkeit der unauffälligen Installation. Nachteilig wirkt sich der etwas große Öffnungswinkel von etwa 3° aus. Ist die Antenne nicht exakt ausgerichtet, sind Störungen vom Nachbarsatelliten beinahe unausweichlich. Andererseits lässt sich die Flachantenne aufgrund des großen Öffnungswinkels schnell und leicht einstellen, was besonders beim portablen Betrieb geschätzt wird. Flachantennen sind systembedingt nur für den Empfang eines Satelliten geeignet. Da sie in sich geschlossene Einheiten darstellen, muss man sich schon vor dem Kauf über das Einsatzspektrum im klaren sein. Vereinzelt sind noch Flachantennen, die nur das untere Ku-Band empfangen können, im Umlauf. Von ihnen wird abgeraten, da z. B. Astra-Digitalempfang damit ausgeschlossen ist. Soll eine Flachantenne vorwiegend zu Hause verwendet werden, wählt man am besten ein Modell mit Anschlussmöglichkeit für zwei Satellitenempfänger.

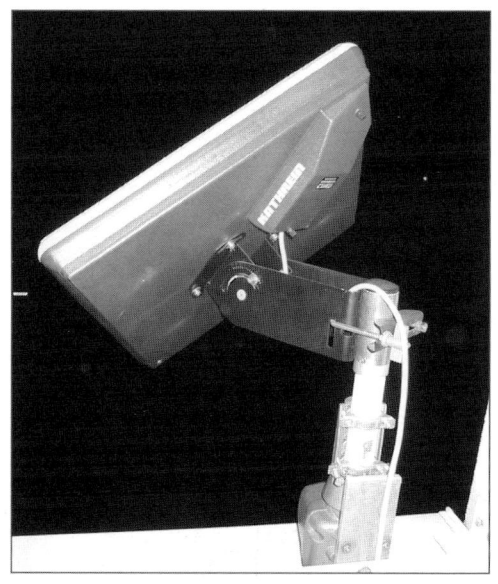

►

Flachantennen können bei stationären und notfalls drehbaren Anlagen eingesetzt werden. Diese empfängt immerhin Astra, Eutelsat W2 auf 16° Ost und Eutelsat Hotbird.

3. Antennenwerkstoffe

Steht der Antennentyp fest, sollte man seine Qualitätsansprüche formulieren. Ein entscheidendes Kriterium sind die verwendeten Materialien, insbesondere das für den Reflektor. Hier hat man die Wahl zwischen Kunststoff, Aluminium und Eisen.

3.1 Eisen

Eisenspiegel sind vor allem bei preisgünstigen Anlagen vertreten. Auf Korrosionsbeständigkeit und gute Verarbeitungsqualität wird hier weitgehend verzichtet. Schon nach wenigen Jahren muss mit beginnendem Rostfraß gerechnet werden. Nicht nur, dass eine rostende Antenne nicht schön anzusehen ist, sie ist auch ein Artikel mit Aufbrauchfrist. Eisen hat einen relativ schlechten Wärmeleitkoeffizienten. Das heißt z. B., wenn die Schüssel im Winter einem Eisregen ausgesetzt ist, vereist sie sehr schnell, und die Eisschicht kann von der Sonne nur schwer aufgetaut werden. Dies kann bei schlechtem Wetter unter Umständen einen mehrtägigen Totalausfall der Anlage nach sich ziehen.

3.2 Kunststoff

Kunststoffantennen sind gegen Vereisung weniger anfällig. In ihnen sammelt sich allerdings gern Schnee, was nicht unbedingt die Empfangseigenschaften fördert.

Wenn der Rost kommt: Was hier nur bei Schrauben der Masthalterung zu sehen ist, ziert nach einigen Jahren auch Reflektoren aus Eisen.

Kunststoffantennen sind u. a. an den Verstrebungen an der Rückseite zu erkennen.

wahlkriterium ist die UV-Beständigkeit. Diese ist vor allem bei älteren Kunststoffantennen nicht ohne weiteres gegeben. Bei einigen Kunststoffmodellen ist die reflektierende Schicht zwischen zwei Kunststoffschalen eingepasst. Je nachdem, wie präzise die leitende Folie eingearbeitet wurde, arbeitet der Kunststoffspiegel mehr oder weniger gut.

3.3. Aluminium

Am meisten haben sich Alu-Antennen bewährt. Dank des hohen Wärmeleitkoeffizienten werden Schnee und Eis, sofern sie überhaupt in der Schüssel zu liegen kommen, binnen kürzester Zeit auch beim schwächsten Sonnenschein wieder abgetaut. Nebenbei ist Aluminium ein sehr witterungsbeständiges Material.

Es ist auch darauf zu achten, dass Mastschellen und sonstige Montageteile zumindest aus vollverzinktem Material gefertigt sind. Gute Verarbeitungsqualität und der Einsatz witterungsbeständiger Materialien haben zwar ihren Preis, verhindern aber die langsame Zerstörung der Schüssel durch Rost.

Die Lackierung einer Schüssel hat nicht nur rein optische Funktion, sondern bestimmt mit, wie leicht Schnee oder Eis von der Antenne aufgenommen wird.

Da hier der Wärmeleitkoeffizient noch schlechter ist als bei Eisen, kann der Schnee nur bei direkter Sonneneinstrahlung, also bei wolkenlosem Wetter, schmelzen. Ein weiteres Aus-

4. Antennendurchmesser

Der Antennendurchmesser richtet sich nach den zu empfangenden Satelliten und der gewünschten Qualität(sreserve). Damit das Satellitensignal einwandfrei empfangen werden kann, muss das Verhältnis Nutzsignal zu Grundrauschen einen bestimmten Mindestwert erreichen. Dieser C/N-Wert (von Carrier = Träger des Nutzsignals und Noise = Rauschen), so der Fachausdruck, beinhaltet auch eine Schlechtwetterreserve und sichert somit auch bei Regen und Gewitter guten Empfang. Bei Einzelempfangsanlagen soll der C/N-Wert 10 dB (Dezibel, logarithmisches Verhältnismaß, wird in der Technik der reinen Verhältnisangabe oft vorgezogen) betragen. Für Mehrteilnehmer-Anlagen sind 12 dB, für Kabel-TV-Kopfstationen 14 dB gefordert.

Hier ist auch die Erklärung zu sehen, weshalb für ein und denselben Satelliten verschiedene Antennengrößen eingesetzt werden. Die Antennengröße richtet sich nach dem vom Satelliten ankommenden Signal im Zielgebiet und dem geforderten C/N-Wert. Die Signalstärke wird als EIRP (Effective Isotropically Radiated Power = gegenüber gleichverteilter Ausstrahlung effektiv ankommende Leistung) in Footprints (Karten mit Ausleuchtzonen) angegeben. Man kann dort die am Aufstellungsort der Antenne zu erwartende EIRP entnehmen und die geforderte Antennengröße anhand der Tabelle ermitteln.

Von der EIRP zur Antennengröße			
EIRP	**Einzel-empfang**	**Mehrteilnehmer-Anlage**	**Kabel-TV**
56 dBW	40 cm	60 cm	80 cm
54 dBW	50 cm	70 cm	80 cm
52 dBW	60 cm	80 cm	1 m
50 dBW	60 cm	80 cm	1,1 m
48 dBW	80 cm	90 cm	1,2 m
46 dBW	90 cm	1,1 m	1,4 m
44 dBW	1,1 m	1,4 m	1,8 m
42 dBW	1,5 m	1,8 m	2,2 m
40 dBW	1,8 m	2,2 m	2,8 m
38 dBW	2,2 m	2,5 m	3 m
36 dBW	2,8 m	3,7 m	4 m
Angaben ohne Gewähr			

4.1 Ausleuchtzonen

Sollen Satelliten empfangen werden, deren Footprints nicht oder nur schwach unsere Region erreichen, ist vor dem Aufstellen der Antenne zu ermitteln, in welcher Qualität Empfang möglich ist. Dabei wird man sich mit verminderten Empfangsresultaten zufrieden geben. Zum einen sind für einwandfreien Empfang mitunter

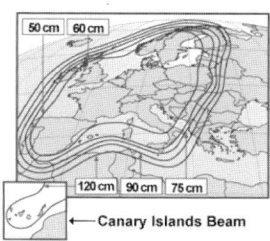

Ausleuchtzone des Astra 1G. Neben dem Versorgungsgebiet sieht man, welche Antennendurchmesser für einwandfreien Empfang empfohlen werden.

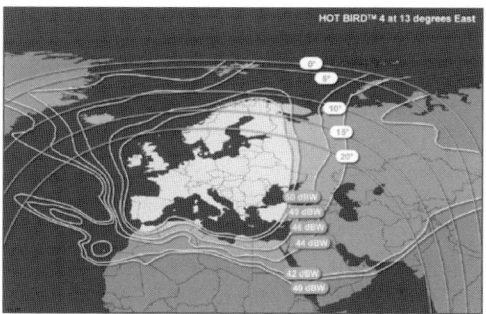

Wesentlich ausführlicher gestaltet sich der Footprint des Eutelsat Hotbird auf 13° Ost. Statt Antennendurchmessern werden hier Leistungen angegeben. Damit ist die Grafik für verschiedene Anwendungen geeignet. Last not least sind auch Elevationsrichtwerte angegeben.

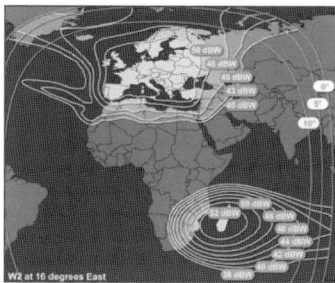

Die Unterschiede liegen manchmal im Detail. Erst bei genauerer Betrachtung erkennt man sie im Versorgungsgebiet des Eutelsat W2 auf 16° Ost zu seinem Nachbarn.

sehr große Schüsseln vonnöten, zum anderen hat nicht jeder den Platz für eine große Antenne. Steht im Zielgebiet eine EIRP von z. B. 56 dBW zur Verfügung, würde lt. Tabelle für Einzelempfang eine 40 cm kleine Antenne genügen. Da jedoch der Öffnungswinkel mit dem Antennendurchmesser wächst, muss bei sehr kleinen Spiegeln mit Beeinflussungen (Interferenzen) von Nachbarsatelliten gerechnet werden. Um dieses Problem erst gar nicht auftreten zu lassen, sollten Antennen ab einer Größe von 75 cm verwendet werden. Ein etwas größerer Spiegel bietet zudem die Möglichkeit der Erweiterung zu einer Multifeed-Anlage.

Je größer eine Satellitenantenne ist, umso genauer muss sie auf die gewünschte Orbitposition ausgerichtet werden.

4.2 Öffnungswinkel

Die Tabelle gibt typische Werte des Öffnungswinkels verschiedener Antennengrößen an.

Größe und Öffnungswinkel	
Antennengröße	**Öffnungswinkel**
Flachantenne 51 x 51 cm	3°
Durchmesser 60 cm	2,8°
Durchmesser 75 cm	2,2°
Durchmesser 90 cm	1,9°
Durchmesser 1,2 m	1,4°
Durchmesser 1,5 m	1,2°
Durchmesser 1,8 m	1°
Durchmesser 2,4 m	0,8°

4.3 Welche Antenne für welche Anwendung?

Die richtige Satellitenantenne zu finden, mag nicht unbedingt einfach sein. Man sollte sich aber immer vergegenwärtigen, dass ein billiges Sonderangebot nicht immer ein guter Kauf ist. Qualität hat zwar ihren Preis, aber Langlebigkeit und präzise Fertigung machen sich

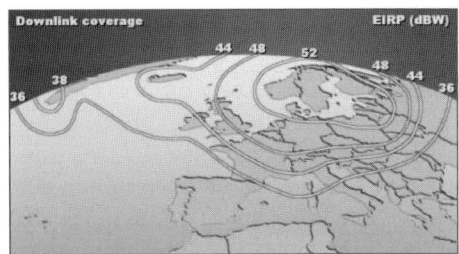

Footprint des Thor 2 auf 1° West

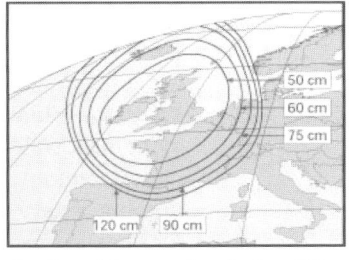

Ausleuchtzone des Astra 2D auf 28° West

letztlich auch bezahlt. Steht genug Platz zur Verfügung, soll man sich eher für einen etwas größeren Spiegel entscheiden. Eine 90-cm-Schüssel kann im deutschsprachigen Raum durchaus als Standardantenne betrachtet werden. Mit ihr empfängt man beinahe alle Ku-Band-Satelliten, deren Signale Europa überhaupt erreichen. Man kann also jederzeit das System zur Multifeed-Anlage erweitern oder aber die Antenne drehbar machen. Den Einsatzmöglichkeiten sind kaum Grenzen gesetzt.

5. Die Antenne bei Schnee und Eis

Jede Satellitenantenne funktioniert nur ordnungsgemäß bei freier Sicht zu Astra und Co. Als Hindernis sind Gebäude, Bäume oder Berge genauso zu vermeiden wie Schnee und Eis.

5.1 Auswirkungen

Je nach Antennenform und Reflektormaterial wird Schnee oder Eis bevorzugt aufgenommen. Besonders die klassische Parabolantenne bietet aufgrund ihrer Elevation (Neigung) bei Astra und Hotbird von etwa 27° im Norden Deutschlands bis 36° in Südtirol genügend Aufnahmefläche für Schnee. So wundert es nicht, wenn selbst sehr große Spiegel im Winter binnen kurzer Zeit ihren Dienst versagen. Der Reflektorwerkstoff ist dabei weniger bedeutsam wie bei der Offset-Antenne. Doch grundsätzlich gilt auch hier: Schnee bleibt besonders leicht in Kunststoffantennen haften, während Eisregen den sicheren Ausfall einer Eisenantenne bedeutet.

Während die weiße, im Reflektor angesammelte Pracht schlicht die Sicht zum Satelliten behindert, verzerrt eine Eisschicht in der Antenne den Brennpunkt. Da die gefrorene Oberfläche üblicherweise gewellt ist, werden die vom Satelliten kommenden elektromagnetischen Wellen in alle möglichen und unmöglichen Richtungen reflektiert. Nur ein Bruchteil der unter normalen Umständen üblichen Signale erreicht das LNC. Resultat: beeinträchtigter oder schlimmstenfalls gar kein Empfang. Bei Satellitenschüsseln in Offset-Bauweise ist der Brennpunkt etwa um 20° verschoben, und die Antennen stehen um diesen Betrag steiler gen Himmel. So hat der Schnee seine liebe Not, Halt zu finden. Man wird also eher selten eine zugeschneite Offset-Antenne erleben.

5.2 Gegenmaßnahmen

Welche Mittel gibt es, bei widriger Witterung auf Empfang zu bleiben? Die Antenne in regelmäßigen Abständen abzukehren, ist nicht nur mühsam und ungemütlich, sondern oft genug nicht einmal möglich. Man sollt sie möglichst dort anordnen, wo sie gut erreichbar ist. Ist sie in der Nähe eines Dachfensters montiert, lässt sich Schnee, ohne auf das Dach steigen zu müssen, entfernen.

Im professionellen Bereich, wie bei Sende- oder Kabel-TV Empfangsanlagen, werden Heizungen an die Rückseite des Reflektors angebracht. Oft sind sie geklebt. Auch für den Heimbereich werden Antennenheizungen offeriert. Diese schalten sich entweder automatisch etwa ab dem Gefrierpunkt zu, oder sie werden manuell betätigt. Derartiges Sonderzubehör ist nicht nur in der Anschaffung sehr teuer, sondern verbraucht auch sehr viel Strom. Ob die Kosten in Relation zum Nutzen stehen, ist also sehr genau abzuwägen.

Immer wieder werden auch Schutzfolien, die über Reflektor und LNC zu spannen sind, angepriesen. Dadurch bleibt die Antenne trocken, und Schnee kommt auf einer kegelförmigen Oberfläche kaum zu liegen. Allerdings muss sich erst im Laufe der Zeit erweisen, ob die Folie witterungsbeständig und Stürmen gewachsen ist.

Eine noch weniger dauerhafte, aber kostensparendere Lösung bietet sich für jede Antennenbauform an: Man benetze die Reflektoroberfläche mit handwarmem Wasser, in das ein wenig Geschirrspülmittel gegeben wurde. Dabei ist darauf zu achten, dass der gesamte Reflektor erreicht wird. Das Spülmittel bildet einen wasser- und schneeabweisender Film, ähnlich wie beim frisch gewaschenen Auto, und hilft auch gegen Vereisung. Nach zwei bis drei Wochen lässt die Wirkung nach. In der Praxis wird man nicht regelmäßig derartige Wasserspiele veranstalten, sondern nur, wenn der Wetterbericht antennenfeindliche Vorhersagen trifft.

Damit der Empfang im Winter nicht zu sehr getrübt wird, sollte man vor allem für schwer zugängliche Montageorte Aluminiumspiegel einsetzen. Schon bei geringem Temperaturanstieg über den Gefrierpunkt schmelzen Schnee und Eis. Kunststoffantennen lässt eine solche Erwärmung hingegen weiterhin im wahrsten Sinne des Wortes kalt.

6. LNC –
Schlüssel zum Satellitenempfang

Der LNC (Low Noise Converter, rauscharmer Umsetzer) ist eines der Kernstücke jeder Satellitenempfangsanlage. Er empfängt die Satellitensignale im Brennpunkt des Spiegels und setzt sie auf eine zur Weiterleitung günstige (niedrigere) Frequenz um, welche der Receiver direkt verarbeiten kann. Somit ist er für Einsatzbereich und Qualität der Anlage maßgeblich verantwortlich. Je nachdem, welche Bereiche wir empfangen wollen oder ob es sich um eine Ein- oder Mehrteilnehmer-Anlage handelt – immer wird ein spezielles LNC benötigt. Setzt dieser ganze oder sogar mehrere Frequenzbänder um (z. B. oberes und unteres Ku-Band, wie heute üblich), spricht man von einem LNB (Low Noise Block). Unter LNC bzw. LNB verstehen wir also rauscharme Konverter, welche die vom Satelliten empfangenen Frequenzen für unseren Receiver umsetzen. Moderne Receiver sind mit Tunern (Eingangs-Abstimmteilen) ausgerüstet, die den Frequenzbereich von etwa 950 bis 2.150 MHz verarbeiten. Man spricht hierbei von der (ersten) Zwischenfrequenz. Damit die Satellitenfrequenz in dieses Spektrum umgesetzt wird, besitzt jeder LNC einen LO (Local Oscillator) mit bestimmter Frequenz. Diese beträgt für das S-Band (2.500 bis 2.750 MHz) 3.650 MHz, für das C-Band (3,4 bis 4,2 GHz) 5.150 MHz sowie für das untere Ku-Band (10,7 bis 11,7 GHz) 9.750 MHz bzw. für das obere Ku-Band (11.700 bis 12.750 MHz) 10.600 oder 10.750 MHz. Ganz besonders im Ku-Band ist die Umsetzung unumgänglich: Würde man ein sol-

Alter Empfangskopf aus Ku-Band-LNC, Polarizer und Feedhorn von Kathrein. Die kostbaren Bauteile sind unter einem schützenden Hut versteckt.

ches Signal von etwa 12 GHz über ein Kabel leiten, wäre es schon nach wenigen Metern deutlich geschwächt, denn die Kabeldämpfung steigt mit der Frequenz. Je höher die Frequenzen, die über ein Antennenkabel übertragen werden sollen, umso höher sind die Verluste.

Die (erste) Zwischenfrequenz, also die Receiver-Eingangsfrequenz ist stets die Differenz zwischen LO-Frequenz und Sat-Sendefrequenz.

6.1 Singleband-LNC

Während die LO-Frequenzen für S- und C-Band gleichgeblieben sind, hat das Ku-Band Änderungen über sich ergehen lassen müssen. Ganz alte LNCs waren nur für den Bereich 10.950 bis 11.700 MHz ausgelegt; ihre LO-Frequenz betrug 10 GHz. Für den Bereich 12.500 bis 12.750 MHz gab es zwei LO-Frequenzen, nämlich 11.475 und 11.300 MHz. Solche Typen wird man aber nur noch bei sehr alten Anlagen finden. Für das DBS-Band (Direct Boradcast Satellite, Rundfunk-Direktempfangssatelliten), also den Bereich 11,7 bis 12,5 GHz, gab es ebenfalls eigene Konverter. Die LO-Frequenz war 10.750 MHz. Im Laufe der Jahre hat sich das LNC weiterentwickelt. Benötigte man in den Pioniertagen des Satellitenempfanges im Brennpunkt der Antenne neben dem LNC auch einen Polaizer zur Empfangs-

ebenen-Umschaltung und ein Feedhorn, welches die gebündelten Wellen in ein elektrisches Signal verwandelte, so finden sich diese Komponenten heute in einem Gehäuse als integrale LNC-Bestandteile wieder. Auch das Verlegen einer zusätzlichen Steuerleitung für die Ebenenumschaltung fällt weg.

6.2 Universal-LNC

Weitgehend durchgesetzt hat sich das sogenannte Universal-LNC. Es empfängt den gesamten Ku-Bereich, wobei die Frequenzen von 10,7 bis 11,7 GHz mit 9.750 MHz und die Frequenzen von 11.700 bis 12.750 MHz mit 10,6 GHz umgesetzt werden. Während die Frequenzbereichssteuerung mittels 22-kHz-Signal erfolgt, wird die Polarisationsumschaltung mittels 14/18 V-Schaltspannung bewerkstelligt (14 V vertikal, 18 V horizontal).

Den neuen Zwischenfrequenzen 950 bis 1.950 bzw. 1.100 bis 2.150 MHz mussten sich die Receiver anpassen, um für Universal-LNCs tauglich zu sein. Praktisch bedeutete das eine Erweiterung des Tuners auf 2.150 MHz.

Beim Universal-LNC wird die Polarisation fest umgeschaltet. Eine Feineinstellung ist nicht möglich. Man sollte daher bei der Installation des LNCs an der Antenne auf korrekte Montage achten, da ein schief montierter Konverter

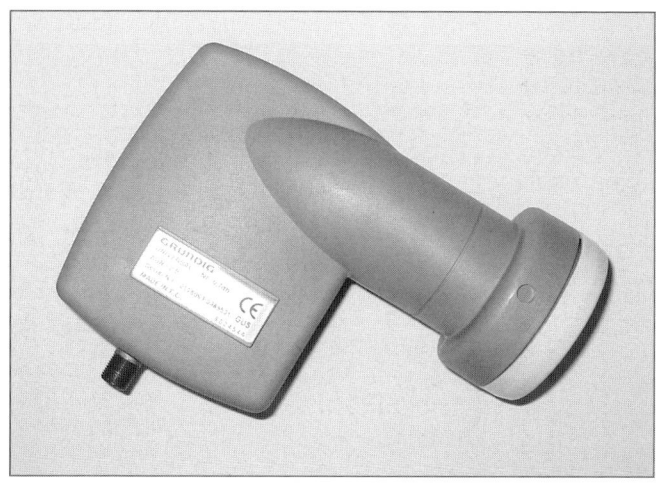

Preiswerter Universal-LNC für eine Einteilnehmeranlage

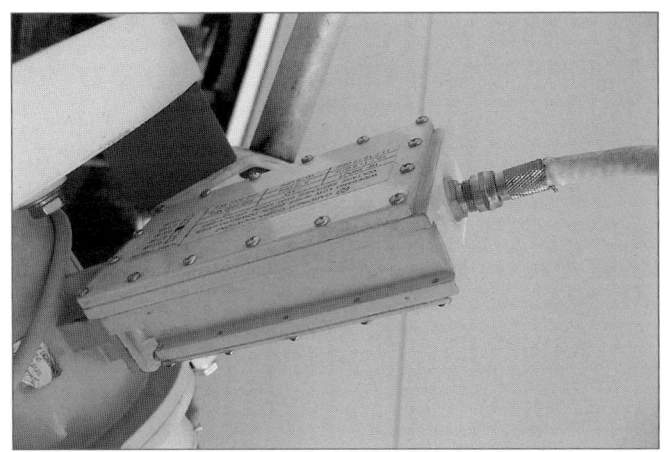

Quattroband-LNC von Gardiner

beide Ebenen nicht mehr optimal empfängt und sich verschiedene Programme gegenseitig beeinträchtigen könnten. Universal-LNCs finden sowohl in Ein- wie auch in Mehrteilnehmer-Anlagen Anwendung.

6.3 Quattroband-LNC

Während man Universal-LNCs vorwiegend in fest ausgerichteten Anlagen benutzt, hat sich bei Drehanlagen das schon etwas länger auf dem Markt befindliche Quattroband-LNC durchgesetzt. Es gibt sie ausschließlich für Einteilnehmer-Anlagen. Das Quattroband-LNC besitzt weder ein integriertes Feedhorn, noch eine eingebaute Polarisationsumschaltung. Es kann somit nur mit einem geeigneten Feedhorn sowie dazu passendem mechanischen oder magnetischen Polarizern betrieben werden. Die Umschaltung zwischen unterem und oberen Ku-Band erfolgt hier mittels 14/18 V-Ansteuerung, wobei 18 V oberes Band bedeutet. Quattroband-Konverter arbeiten mit einer LO-Frequenz von 10.750 MHz. Das ist ein geringer Vorteil, da der Satelliten-Receiver nur bis 2.050 MHz ausgelegt sein muss, er also schon ein wenig älter sein darf.

6.4 Das Rauschmaß

In Anzeigen zu LNCs fällt eine dB-Angabe auf, das Rauschmaß. Je geringer es ist, umso

besser. Allerdings muss man hier zwischen dem tatsächlichen Wert und der Werbe-Angabe unterscheiden. Einige Hersteller neigen nämlich dazu, aus einer Serie das beste Teil herauszusuchen und mit dessen Wert die Werbetrommel zu rühren.

Somit weiß man nicht genau, wie gut eine andere Empfangseinheit wirklich ist. Seriösere Produzenten geben den schlechtesten Wert an und/oder packten ein individuelles Messprotokoll bei. Dann gibt es noch Hersteller, die die Werte als Gesamteinheit, also LNC plus Polarisationsumschaltung plus Feedhorn, angeben. Diese Angaben scheinen verhältnismäßig hoch, sind aber deswegen nicht unbedingt schlecht. Mitte der 80er Jahre waren Rauschmaße weit

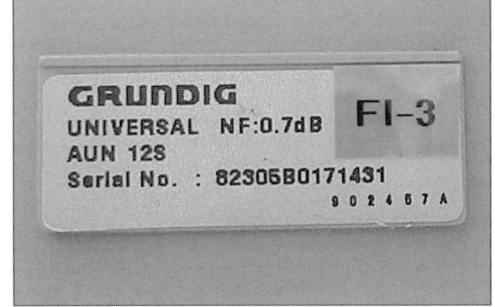

Dieser Grundig-Universal-LNC hat ein Rauschmaß von 0,7 dB.

27

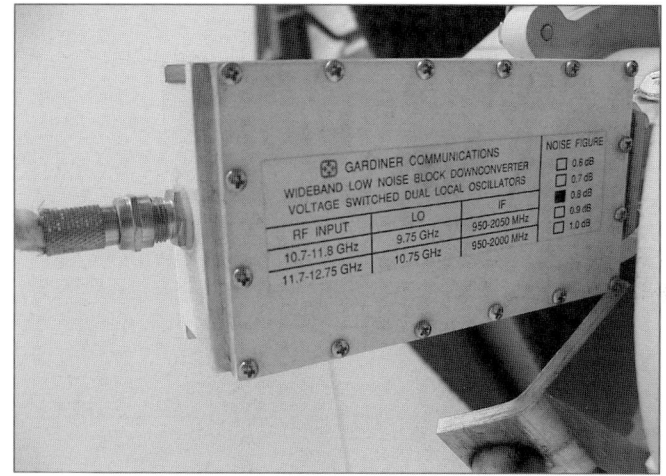

Auf dem Typenschild sind alle relevanten Daten angegeben.

Hier sucht man Details vergebens. Lediglich die Zahl 25 gibt die Rauschtemperatur in K an, da es sich hier um einen 4-GHz-Konverter handelt.

über 2 dB üblich. Heute steht meist eine Null vor dem Komma. Man kann sagen, dass ein dreiviertel dB etwa der nächsten Schüsselgröße entspricht, also wirklich einen Unterschied macht.

Hat man aber einen verhältnismäßig neuen LNC mit etwa 0,8 bis 1,0 dB im Einsatz, so lohnt der Austausch gegen ein Exemplar mit z. B. 0,6 dB nicht. Dabei könnte man durchaus die Erfahrung machen, dass die neue Empfangseinheit schwächer ist als die alte. Bei S- und C-Band-Konvertern wird nicht das Rauschmaß (in dB), sondern die Rauschtemperatur in

Grad Kelvin (K) angegeben. Rauschmaß und Rauschtemperatur beinhalten die gleiche Information und können ineinander umgerechnet werden; die Rauschtemperatur ermöglicht lediglich eine feinere Abstufung.

Betagte 4-GHz-Konverter warteten mit Rauschzahlen von 40 bis 70 K auf. Moderne Modelle bieten etwa 16 K. Auch hier lohnt der Austausch z. B.: eines LNCs mit etwa 22 K nicht gegen einen mit etwa 16 K. Den Unterschied wird man zwar in der Geldbörse merken, mit Sicherheit aber nicht auf dem Bildschirm.

6.5 Wann ist ein LNC digitaltauglich?

Diese Frage taucht immer wieder auf. Zur Anfangszeit des Digitalfernsehens war die Meinung weit verbreitet, dass alte LNCs wenig frequenzstabil seien und man sie daher für Digitalempfang gegen neue austauschen solle. Es hat sich aber schnell herausgestellt, dass dem nicht so ist. Vielmehr entscheidet der zu empfangende Frequenzbereich über die Verwendbarkeit für Digital-TV. Während analoges TV zumindest in Europa weitgehend im unteren Ku-Band, also von 10,7 bis 11,7 GHz stattfindet, bleibt das obere Band vor allem der digitalen Übertragungstechnik vorbehalten. Um analoge wie digitale Programme in Fülle zu empfangen, bedarf es also eines Universal- oder Quattroband-LNCs.

Rüstet man auf Digitalempfang auf, ist dies folglich nicht zwangsweise mit dem Erwerb eines neuen Konverters verbunden. Senden die gewünschten Digitalprogramme im vom vor-

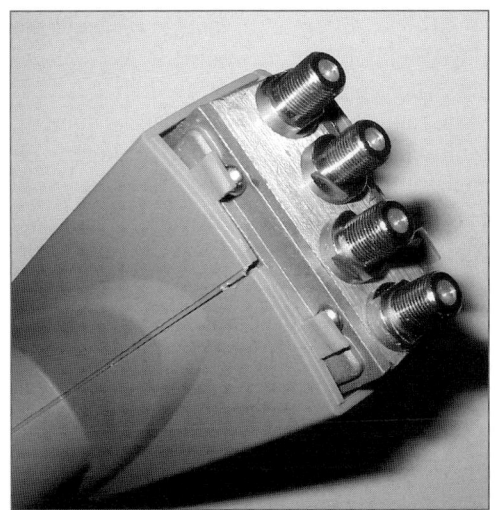

Ein digitaltauglicher LNC für Mehrteilnehmer-Anlagen, erkennbar an seinen vier Anschlüssen.

Ein Blick auf das LNC-Typenschild lässt sofort erkennen, ob er digitaltauglich ist. Als Garant dafür können die LO-Frequenzen 9,75 und 10,6 GHz gelten, aber auch der Frequenzbereich 10,7 bis 12,75 GHz oder schlicht der Aufdruck „Universal LNC".

handenen LNC erfassten Frequenzbereich, kann man diesen getrost auch weiterhin verwenden. Selbst wenn es sich um ein „Steinzeit"-Produkt handelt, Markenqualität vorausgesetzt.

Im C-Band stellt sich die Frage nach der Digitaltauglichkeit überhaupt nicht. Alle bisher verwendeten Komponenten können weiterhin verwendet werden.

6.6 Ein- oder Mehrteilnehmer-Anlage?

Eine Mehrteilnehmer-Anlage funktioniert nur dann, wenn alle zu empfangenden Frequenzbereiche gleichzeitig vom LNC angeboten werden. Ein Singleband-LNC ist dazu nicht in der Lage. Es besitzt lediglich eine Anschlussbuchse für den Receiver. Für Mehrteilnehmer-Anlagen taugliche Ku-Band-Konverter haben heute üblicherweise vier Ausgänge, an denen fix definiert (man lese die Gebrauchsanleitung) das horizontale Band 10,7 bis 11,7 GHz, der horizontale Bereich 11,7 bis 12,75 GHz, das vertikale Band 10,7 bis 11,7 GHz und der vertikale Bereich 11,7 bis 12,75 GHz angeboten werden. An solche LNCs können Receiver nicht direkt angeschlossen werden. Hierzu bedarf es eines Multischalters, der mit Hilfe verschiedener Schaltsignale (14/18 V, 22 kHz oder DiSEqC) auf einen bestimmten Ausgang zugreift. Multischalter können je nach Konfiguration mehrere Satellitenpositionen verarbeiten und/oder kaskadierbar sein. Dann können mit ihnen Anlagen für mehr als vier Teilnehmer konfiguriert werden.

Seit einiger Zeit gibt es Mehrteilnehmer-LNCs mit eingebautem Multischalter. Hier besitzt der LNC bereits die vier Ausgänge, sodass jeder beliebige Ku-Band-Bereich abgenommen werden kann. Solche Konverter bieten zum Teil zusätzlich die Einspeisung terrestrischer Signale an und ermöglichen somit eine Einkabellösung mit Antennensteckdosen.

Es sind aber auch (noch) Ku-Band-Konverter mit zwei Anschlüssen im Umlauf. Meist können sie ausschließlich den Bereich bis 11,7 GHz empfangen. Entweder wird an jedem der Ausgänge fix eine Empfangsebene (H oder V) angeboten, sodass ein Multischalter benötigt wird. Oder, was etwas komfortabler ist, es steht an jedem Anschluss je nach Receiverspannung das horizontale oder vertikale Signal zur Verfügung. Wenige Firmen brachten aber auch digitaltaugliche LNCs mit nur zwei Anschlüssen auf den Markt. Man versuchte, mit nur einer LO-Frequenz, nämlich 9.750 MHz, den gesamten Bereich von 10.700 bis 12.750 MHz abzudecken. Sofern man dabei Programme über 11,7 GHz sehen wollte, war allerdings ein externer „Erweiterungsbaustein" erforderlich.

Mehrteilnehmer-Anlagen baut man vernünftigerweise nur mit einer fix ausgerichteten Antenne auf. In Drehanlagen hat ein Mehrteilnehmer-LNC also nichts verloren. Denn es kann ja nur ein Receiver die Steuerung der Schüssel übernehmen.

6.7 LNC-Montage

Für Empfangseinheiten mit 28 mm Durchmesser gibt es Adapterringe.

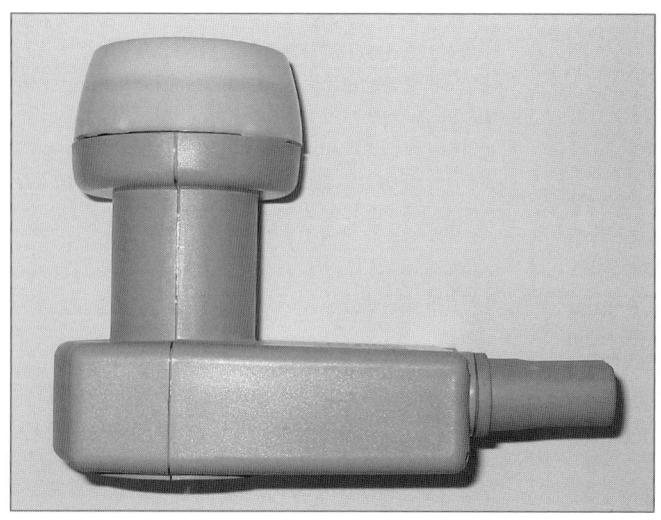

Heute hat sich allgemein ein LNC-Durchmesser von 40 mm durchgesetzt.

Damit ein LNC jederzeit ausgetauscht werden kann, wurden diese Bauteile in ihren Montagemöglichkeiten an Feedhorn oder Antennen genormt. Während es für reine C- und Ku-Band-Konverter ohnehin nur je einen genormten Flanschanschluss gibt, ist es bei Empfangseinheiten mit integrierter Polarisationsumschaltung und Feedhorn schon etwas anders. Die Durchmesser der Konverter sind 28, 40 und 60 mm.

Weitgehend durchgesetzt haben sich die Typen mit 40 mm Durchmesser. Verfügt die Antenne über eine größere Aufnahme, so kann man einen Adapterring verwenden. Einige wenige Hersteller halten sich nicht an die Norm und setzen auf eigene Komplettsysteme, von denen man später nur sehr schwer wieder loskommt.

6.8 Receiver und LNC

Nicht jeder Receiver passt zu jedem LNC. Sehr alte Satellitenempfänger arbeiteten mit einer fixen LNC-Speisespannung von meist 15 V. Damit lässt sich bei modernen Empfangseinheiten die Polarisation nicht umschalten.

Etwas neuere Geräte mit 14/18-V-Steuerung besitzen wiederum kein 22-kHz-Signal und können somit Universal- oder Quattroband-LNCs nur eingeschränkt ansteuern. Dem aber nicht genug: Alte Receiver beherrschen lediglich den Bereich 950 bis 1.750 MHz, also nur einen Teil des Ku-Bands. Neuere Geräte arbeiten immerhin bis 2.050 MHz. Für Quattroband-LNCs reicht das, aber für die neuen Universal-LNCs ist das noch immer zu wenig. Für sie kommen nur Empfänger mit 2.150-MHz-Tunern in Frage.

6.9 Ein kleiner Ratschlag für den LNC Kauf

Die Satellitenempfangstechnik hat eine Unzahl von LNC-Entwicklungen hervorgebracht. Die Konverter wurden nicht nur besser und erschlossen immer neue Frequenzbereiche, sie wurden auch für verschiedenste Einsatzgebiete entwickelt.

Heute hat sich der Markt weitgehend beruhigt, und die Gefahr, einen falschen LNC angedreht zu bekommen, besteht fast nicht mehr. Es ist jedoch immer noch wichtig, dem Fachhändler genau mitzuteilen, welche Wünsche man hat (z. B. Mehrteilnehmer-Anlage). Muss ein Konverter ausgetauscht werden, sollte man ihm die bestehende Anlage möglichst genau beschreiben. Beherzigt man diesen Rat, kann eigentlich nichts schief gehen.

7. Der Satellitenempfänger

Der Receiver wandelt das vom LNC gelieferte Signal in ein für das Fernsehgerät verarbeitbares um. Eine Satellitenantenne kann nicht direkt an ein TV-Gerät angeschlossen werden. Der wichtigste Grund dafür ist, dass der Fernseher über einen Bild-Amplitudenmodulator verfügt, während das Bild per Satellit in Frequenzmodulation übertragen wird. Auch arbeitet das TV-Gerät analog, wäre also für digitale Satellitensignale prinzipiell nicht geeignet.

Der Receiver stellt dem TV-Gerät das aufbereitete Satellitensignal auf bis zu zwei Arten zur Verfügung.

7.1 Anschluss des Receivers über den UHF-Modulator

Die klassische, aber nicht mehr ganz aktuelle Methode basiert auf dem UHF-Modulator. Hier wird, genau wie auch beim Videorecorder, das terrestrische Fernsehsignal durch den Sat-Receiver geschleift. Dieser besitzt also eine Buchse für die terrestrische Fernsehantenne (oder das Kabelfernsehen). Die auf diesem Weg empfangenen Stationen müssen im Videorecorder abgespeichert werden. Irgendwie auch logisch, wie sollte der Recorder sonst auch bequem Fernsehsendungen aufzeichnen? Damit aber auch der Fernseher die terrestrischen Signale bekommt, muss noch die Verbindung von der Antennenausgangsbuchse des Recorders mit der Eingangsbuchse des TV-Geräts hergestellt werden. Beim Satelliten-Receiver ist in exakt gleicher Weise vorzugehen, lediglich mit dem Unterschied, dass hier keine terrestrischen Programme abgespeichert werden. Weshalb nehmen die terrestrischen Signale also den Um-

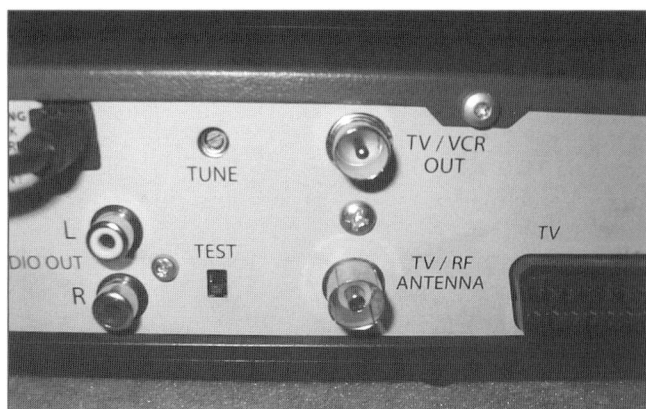

Bei einfachen oder älteren Analogempfängern wird der UHF-Ausgangskanal mit einer kleinen Schraube an der Rückseite eingestellt. Damit man das Signal am Fernsehgerät findet, kann ein Testbildgenerator (Beschriftung: „Test") zugeschaltet werden.

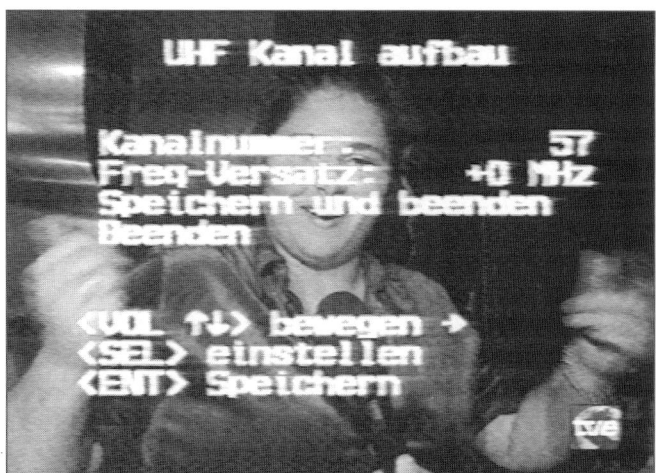

UHF-Ausgangskanal-
Einstellmenü des Drake
EXR800

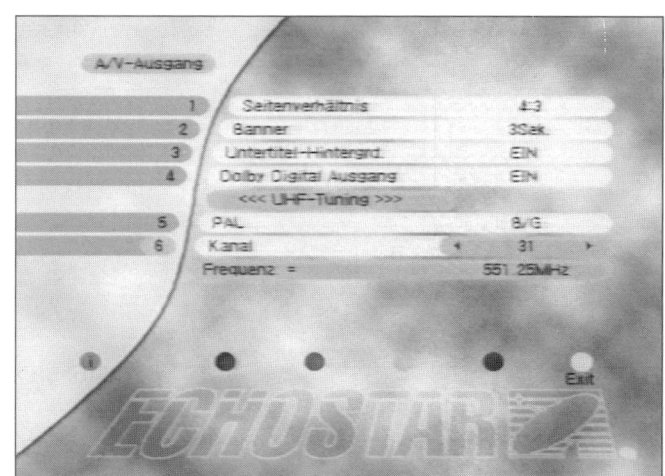

Das AV-Menü des
Echostar AD 3000 IP
ist ansprechend.

weg über den Satellitenempfänger? Hier tritt der UHF Modulator in Aktion. Er wandelt die Satellitensignale in ein TV-gerechtes Signal auf einem UHF-Kanal um. Dieses wird den terrestrisch empfangenen hinzugefügt und über die Verbindung zwischen Satellitenempfänger und Fernseher zu diesem übertragen. Das TV-Gerät behandelt das Satellitensignal wie ein normales Signal und speichert es auch auf einem eigenen Programmplatz ab. Nur zur Information: Im Videorecorder geschieht genau das Gleiche.

7.2 Scart- und Chinch-Verteilung

Nicht mehr alle Satellitenempfänger sind mit einem UHF-Modulator ausgerüstet. Hier beschränkt man sich auf die Weiterleitung des AV-Signals via Scart- oder Chinch-Buchsen.

Dieses Verfahren bietet einige nicht zu verachtende Vorteile gegenüber dem UHF-Modulator. Insbesondere ist die um einiges bessere Bildqualität zu nennen. Immerhin werden die Satellitensignale im Receiver in Audio- und Videosignal (AV) getrennt. Eine verlust-

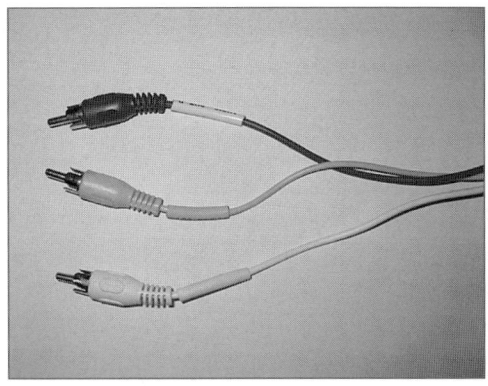

Mit Chinch-Kabeln wird jeder Audiokanal und das Videosignal über eine eigene Leitung transportiert. Chinch-Stecker bieten zwar eine etwas minderwertigere Verbindung als Scart-Steckverbinder, rutschen aber nicht so leicht aus der Buchse.

bringende Umwandlung in ein UHF-Signal fällt weg. Auch der Ton ist besser. UHF-Modulatoren geben ihn nur in Mono aus, über Scart- oder Chinch-Verbindung ist auch Stereo möglich. Besonders in Zeiten, wo der Qualitätsgedanke immer mehr in den Vordergrund rückt und moderne Fernseher auf immer bessere Bildwiedergabe getrimmt werden, ist die Scart-Verbindung die einzig vernünftige Variante.

7.3 Vor- und Nachteile der Anschlussvarianten

Wie es scheint, hat die AV-Verbindung mittels Scart- oder Chinch-System alle Trümpfe in der Hand. Es spricht aber auch einiges für den alten UHF-Modulator. So kann das vom Receiver ausgegebene UHF-Signal über eine terrestrische Hausverteilanlage an mehrere Fern-

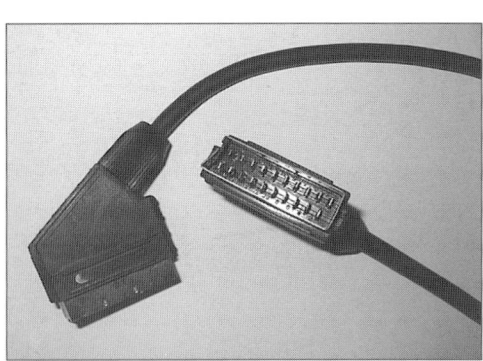

Scart-Kabel sind groß und unhandlich. Sie bieten aber eine qualitativ sehr hochwertige Verbindung.
◄

Bei höherwertigen Receivern finden Scart- und Chinch-Buchsen gleichermaßen Anwendung. ▼

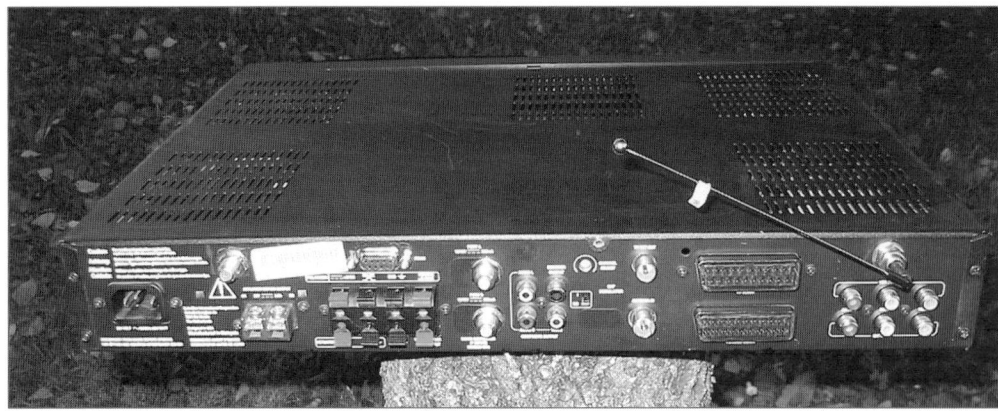

sehgeräte gelangen. Obwohl man auf diesem Weg nicht die beste Bildqualität erreicht (schlecht ist sie allerdings auch nicht) und auf Stereovergnügen verzichten muss, hat diese Variante speziell bei Pay-TV-Kanälen seine Berechtigung. Man kennt ja die Situation: Ein Fernseher steht im Wohnzimmer, ein weiterer im Schlafzimmer oder in der Küche. Es ist keine Kunst, die terrestrischen Programme und das Sat-UHF-Signal in diesen Räumen zur Verfügung zu stellen, es wird aber kaum jemand auf den Gedanken kommen, für jeden Raum ein eigenes Premiere-Pay-TV-Abo abzuschließen. Mit der UHF-Verteilung kann ein am Satellitenempfänger eingestelltes Programm in Haus oder Wohnung verteilt werden. Abspra-

chen dazu sind allerdings unumgänglich. Als weiterer Vorteil kann gesehen werden, dass man auch in Räumen, die (noch) nicht mit einem eigenen Satellitenempfänger ausgerüstet sind, auf die himmlische Fernsehvielfalt nicht ganz verzichten muss. Als weiteren Vorteil der UHF-Verteilung kann man die Sicherheit der Verbindung betrachten. Wie allgemein bekannt, sind Scart-Kabel unförmig und meist unangenehm zu verlegen. Konstruktionsbedingt neigt ein Scart-Stecker vielfach dazu, aus der Buchse zu rutschen. Besonders gefährlich sind hier Putzattacken der Hausfrau...

Sicherer ist die etwas minderwertigere Chinch-Verbindung. Allerdings sind nicht alle Geräte mit derartigen Buchsen ausgerüstet.

Nicht alle Satelliten-Receiver sind mit einem UHF-Modulator ausgerüstet. Es gibt auch externe Geräte, denen das Signal über Scart-Kabel zugespielt wird und die es in einen UHF- oder VHF-Kanal umsetzen. Diese Geräte gibt es in einfacher Ausführung...

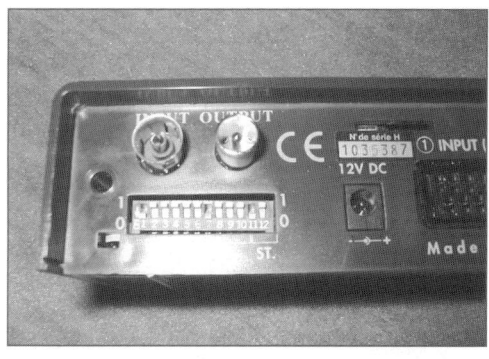

... bei denen der Ausgangskanal mittels Kippschalter an der Geräterückseite eingestellt werden muss.

Oder man entscheidet sich für einen komfortableren Modulator, bei dem der Ausgangskanal elektronisch gewählt werden kann.

Stets wird der
Ton in Stereo
ausgegeben.
Hier die An-
schlüsse eines
externen UHF-
Modulators.

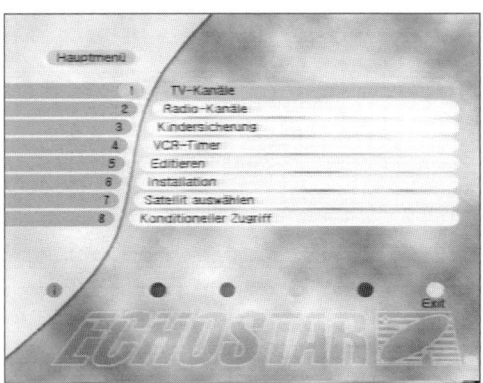

Hauptmenü des Echostar AD 3000 IP. Von
hier können die diversen Untermenüs auf-
gerufen werden.

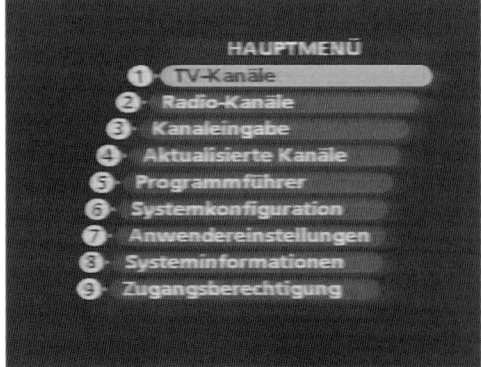

Hauptmenü des Nokia Mediamaster 9800

7.4. Bedienung und Einstellung des Analogempfängers

Obwohl ein Satellitenempfänger schon ab Werk programmiert ist, kann es nie schaden, ein wenig über die verschiedenen Einstellparameter Bescheid zu wissen. Die Geräte werden mehr denn je mit Sonderfunktionen vollgepackt. Einige davon sind sehr nützlich, manches ist eher nebensächlich. Wir wollen uns auf die wichtigen Funktionen beschränken.

Der Analogempfänger hat vor allem im deutschen Sprachraum noch immer seine Berechtigung. Hier werden im Gegensatz zu vielen Nachbarländern oder anderen Weltregionen viele Programme in Deutsch nach diesem Modus unverschlüsselt übertragen. Weiter darf nicht vergessen werden, dass bei uns dank Astra der Direktempfang schon sehr frühzeitig attraktiv geworden ist. In anderen Märkten, z. B. Italien oder Frankreich, spielte der Satellitendirektempfang bis vor kurzem keine wesentliche Rolle. Es fehlte einfach an attraktiven Programmen. Diese sind nun in Form von Pay-TV-Paketen für jeden erdenklichen Markt reichlich vorhanden. Natürlich hat man hier gleich auf den digitalen Standard gesetzt. Der Analogempfänger wurde nie gebraucht.

Die Mehrzahl der deutschsprachigen Sender wird nach wie vor analog über Astra übertragen. So gesehen, ist unser Fernsehmarkt eine einmalige Ausnahme in Europa und den angrenzenden Regionen, wie dem arabischen Raum. Während man in den anderen Ländern nur noch digital fernsieht, wird die analoge Technik bei uns noch über Jahre hinweg den Markt gehörig mitbestimmen. Die äußerst günstigen Anschaffungspreise tun ihr Übriges dazu.

Ins Einstellmenü eines Analogreceivers wird man sich nur selten verirren. Dank der Vorprogrammierung kann man von einer Plug-and-Play-Lösung sprechen. Allerdings ist es nicht jedermanns Sache, die vorgegebene Senderreihenfolge als gegeben hinzunehmen. Immer wieder gibt es Vorprogrammierungen, bei denen sich deutsche und inzwischen unbelegte Programmplätze abwechseln. Es kommen aber auch ständig neue Stationen hinzu, und vor allem werden selten auch Radiosender ab Werk in vollem Umfang abgespeichert.

Zwei Dinge wollen also beherrscht sein: Das Einstellen eines neuen Senders und das Verschieben, oder besser gesagt Neusortieren von Kanälen.

7.5 Einstellparameter
Automatischer Sendersuchlauf
Ein analoges Satellitenprogramm wird durch Frequenz, Polarisationsebene und Tonträger-

abstand bestimmt. Viele Analoggeräte bieten die Option eines automatischen Sendersuchlaufs. Hier werden alle Kanäle, nach Frequenzen geordnet, automatisch abgespeichert. Bei diesem Modus kann zwar davon ausgegangen werden, dass Frequenz und Polarisationsebene (zumindest beim Universal-LNC) korrekt eingestellt sind; den Tonunterträger wird man mitunter aber selbst anpassen müssen. Da bei den Receiver-Herstellern für unsere Region

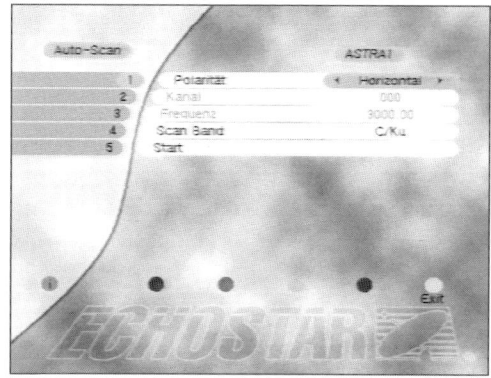

Menü für die automatische Sendersuche beim Analogempfang. Es braucht lediglich ausgewählt zu werden, welcher Frequenzbereich gescannt werden soll.

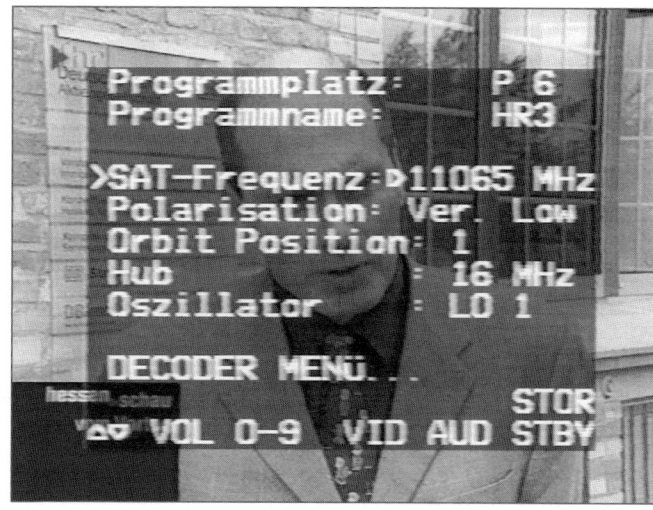

Videoeinstellmenü des Kathrein UFD 232. Ein analoges Fernsehprogramm wird durch Frequenz, Polarisation sowie Audioton-Unterträger definiert.

meist von Astra ausgegangen wird, ist hier das Stereoton-Unterträgerpaar 7,02/7,20 MHz vorgegeben. Klingt gut, ist es auch. Nur bei Programmen mit mehreren Sprachversionen, wie etwa bei Eurosport, muss man korrigierend eingreifen. Mitunter arbeitet der Empfänger beim automatischen Suchlauf mit einem Monohauptton-Unterträger von 6,60 MHz (oder anderen Werten). Ein manuelles „Nacharbeiten" bleibt da nicht erspart. Da man davon ausgehen kann, dass die automatischen Suchroutinen eher nicht die gewünschte Programmreihenfolge hervorbringt, bietet beinahe jedes Gerät die Möglichkeit, die Sender nach eigenem Belieben zu sortieren.

Manuelle Sendereinstellung

Etwas umfangreicher gestaltet sich die manuelle Sendersuche. Am einfachsten ist es, wenn man auf eine Frequenzliste zurückgreifen kann. Diese bekommt man über's Internet oder in Satellitenfachzeitschriften. Es braucht nur die Frequenz, meist mit der Zehnertastatur auf der Fernbedienung, eingegeben werden. Ist dann noch nichts zu sehen, wird die Polarisationsebene geändert. Ob horizontal oder vertikal, ist ebenfalls der Liste zu entnehmen. Bleibt nur noch die Toneinstellung. Neben der Tonunterträger-Frequenz ist gegebenenfalls auch die Audiobandbreite auszuwählen. Diese kann mit unterschiedlichsten Bezeichnungen, Zahlenwerten in kHz oder einfach mit „breit/wide" und „schmal/narrow" angegeben werden. Als Faustregel kann gelten, dass Monohauptton-Unterträger (meist 6,50 oder 6,60 MHz) eine große Bandbreite benötigen, während Stereoton-Unterträger ab 7,02 MHz mit geringeren Bandbreiten zurechtkommen. Im Zweifelsfall sei an das eigene Gehör appelliert. Da die Tonübertragung nicht genormt ist, können keine verbindlichen Empfehlungen gegeben werden. Bei einigen Receivern wird einem die Qual der Wahl abgenommen, weil die Einstellung der Bandbreite und des Tonunterträgers gekoppelt sind.

Vielfach können auch die einzelnen Programmplätze mit einem vier bis ca. zehn Zeichen langen Sendernamen versehen werden. Dieser wird für wenige Sekunden beim Programmwechsel eingeblendet.

7.6 Einstellung des UHF-Kanals

Wird der Receiver auch mittels Antennenkabel, also über den UHF-Modulator, an den Fernseher angeschlossen, muss auch der UHF-Ausgangskanal des Receivers eingestellt werden. Allerdings nur dann, wenn das Bild ge-

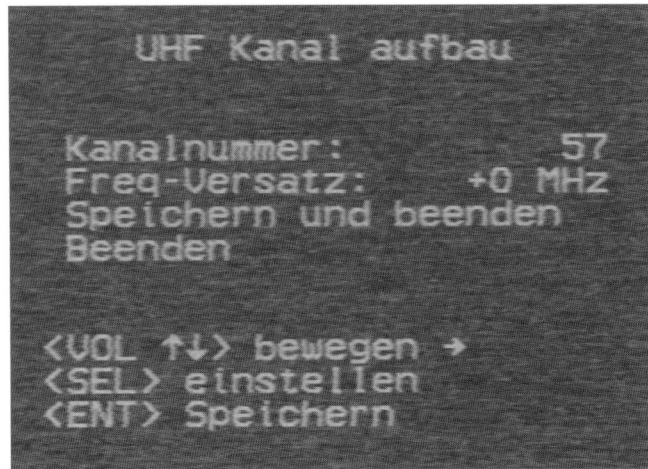

UHF-Ausgangskanal-Einstellmenü des Drake EXR 800

Beim Kathrein UFD 232 ist das Einstellmenü für den UHF-Ausgangskanal im Grundeinstellungsmenü integriert.

stört ist, oder wenn ein anderes Gerät, etwa der Videorecorder, auf dem bestehenden UHF-Kanal arbeitet. Wie das geschieht, kann nur der Bedienungsanleitung entnommen werden. Vielfältig sind hier die Möglichkeiten. Vor allem bei älteren Empfängern befindet sich in der Nähe der Antennenausgangsbuchse eine kleine Bohrung, hinter der sich eine kleine Schraube zeigt. Anhand der Beschriftung ist ersichtlich, in welchem Kanalbereich man wählen kann, z. B. Kanal 30 bis 43. Mit einem kleinen isolierten Schraubendreher ist die Schraube nur geringfügig zu drehen und anschließend am TV-Gerät der Kanal neu einzustellen. Am besten macht man das mit dem automatischen Sendersuchlauf des Fernsehers.

Bei neueren Receivern verbirgt sich die UHF-Kanaleinstellung in der Menüführung. Zum Teil im Hauptmenü oder in einem mit einer speziellen Tastenkombination aufzurufenden Sondermenü.

7.7 Anschluss des Receivers an die Stereoanlage

Dolby Surround und Co. sind gerade dabei, auch unsere Wohnzimmer zu erobern. War der Kinoraumklang zu Hause bis vor gar nicht so langer Zeit nur etwas für betuchtere Zeitgenos-

sen, so sind die Preise für derartiges Equipment nun in sehr günstige Regionen gerutscht. Es geht aber nicht nur darum, den Fernsehton über die HiFi-Anlage laufen zu lassen:

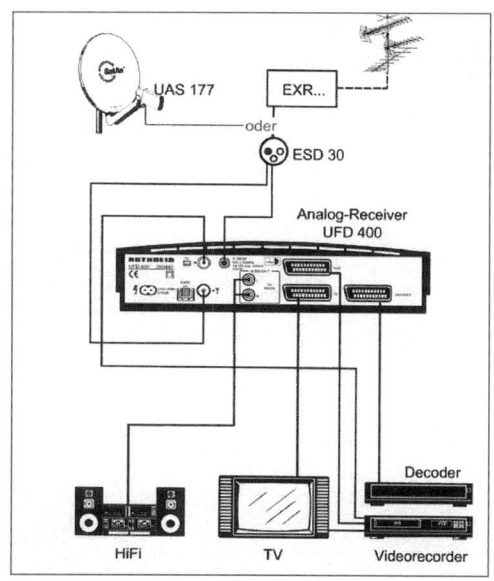

So wird ein Receiver an die Stereoanlage angeschlossen. An den HiFi-Komponenten kann man sich mit Ausnahme der Phono-Eingänge jedes freien Eingangs bedienen.

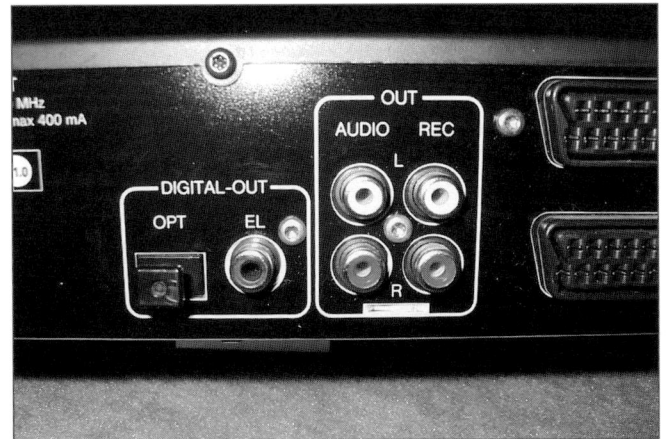

Reichhaltiger kann ein Satellitenempfänger kaum mit Audioausgängen bestückt sein. Neben den analogen Chinch-Ausgängen stehen auch je eine Buchse für koaxialen und optischen Digitalausgang zur Verfügung.

Schließlich werden auch viele Radiosender über Satellit verbreitet. Die wird man sich wohl eher nicht über die Fernseherlautsprecher anhören wollen.

Mit wenigen Ausnahmen ist jeder Receiver mit Chinch-Audioausgangsbuchsen ausgerüstet. Zu erkennen sind sie einmal an der Beschriftung und an der Farbgebung. An der roten Buchse wird der rechte, an der weißen der linke Audiokanal angeboten. Oft findet man, geringfügig abgesetzt, auch eine gelbe Chinch-Buchse, an der das Videosignal anliegt. Diese kann von Interesse sein, wenn der Verstärker bzw. Receiver der Stereoanlage auch Video-

komponenten miteinander verbindet. Bei höherwertigen HiFi-Systemen ist dies durchaus der Fall.

Es braucht aber keine hochwertige Stereoanlage zu sein, auch an kleinen Kompaktanlagen oder dergleichen kann der Audioausgang des Receivers angeschlossen werden. Als Mindestanforderung muss die Anlage lediglich eine AUX-Eingang haben. Ansonsten ist es unmöglich, externe Systeme, wie etwa den Satellitenempfänger, anzuschließen.

Die Verbindung selbst wird mit einem Chinch-Stereokabel oder zwei einfachen Chinch-Kabeln hergestellt.

8. Aufbau einer Satellitenantenne

Eine übliche Satellitenanlage besteht aus drei Komponenten: der Satellitenschüssel, dem darauf befestigten LNC (Empfangs- und Umsetzeinheit) und dem Receiver.

Zur Installation einer Sat-Anlage bedarf es viel weniger Könnens und technischen Wissens als viele vermuten. Das gilt nicht nur für Ein-, sondern sogar für Mehrteilnehmer-Anlagen.

8.1 Aufstellungsort

Für den Empfang ist es unerheblich, ob sich die Schüssel auf dem Hausdach, an einer Wand oder schlicht im Garten befindet. Wichtig ist nur die freie Sicht zum Satelliten. Um dies ausreichend beurteilen zu können, muss man erst einmal wissen, wo er sich überhaupt befindet. Unsere beliebten Fernsehsatelliten Astra und Eutelsat Hotbird sind auf den Orbitpositionen 19,2° Ost und 13° Ost positioniert. Diese Gradangaben beziehen sich auf den Nullmeridian in London. München liegt z. B. auf 11,6° östlicher Breite. Würden wir uns in München einen eigenen Nullmeridian denken, würde das heißen, dass Astra genau 7,6° östlich unseres Standortes ist. Mit anderen Worten: Astra steht von München aus betrachtet fast genau im Süden.

Bleibt noch die Frage, wie weit oben unser gewünschter Himmelskörper thront. Die geostationären Rundfunksatelliten kreisen auf einer äquatorialen Bahn in etwa 36.000 km Höhe um die Erde. Da ihre Geschwindigkeit in die-

ser Höhe genau in Einklang mit der Erdumdrehung steht, scheinen sie über unseren Köpfen still zu stehen. Am Äquator befinden sich die Satelliten 90° über uns. Je weiter wir uns aber vom Äquator weg bewegen, umso kleiner wird dieser Winkel. Um auf das Beispiel München zurückzukommen: Hier befindet sich Astra 34,2° über dem Horizont. Bevor man sich mit Globus und GPS auf die Suche nach der Orbitposition begibt, sollte man seinen Blick über die Nachbarhäuser schweifen lassen. Man entdeckt garantiert einige Satellitenantennen, die einem die richtige Richtung weisen.

Am unauffälligsten sind Satellitenantennen an Hauswänden, sofern sie die selbe Farbe haben.

Satellitenschüsseln werden oft in mehreren Farben angeboten, man kann sie aber auch der Hausfarbe entsprechend anmalen. Doch Vorsicht bei der Wahl der Farbe! Falsche Farbzusammensetzungen können die Leistungsfähigkeit der Antenne beeinträchtigen.

Auch das Hausdach ist ein klassischer Ort, wo Satellitenantennen angebracht sein können.

Wichtig ist, wie schon erwähnt, die freie Sicht. Besonderes Augenmerk ist auf Bäume zu richten! Sie werden nämlich mit der Zeit nicht nur größer, sondern auch breiter. Auch Bewegungen der Äste im Wind sind nicht zu unterschätzen. Schaut die Schüssel zu nahe an einem Baum vorbei, könnte dies wechselhafte Empfangsresultate mit sich ziehen. Besonders im Winter verschätzt man sich gern, wenn es darum geht, die Fülle eines Laubbaums zu beurteilen. Es gibt mehr als genug Leute, die ein Lied davon singen können, wie der Empfang mit dem Sprießen der Blätter von Tag zu Tag schlechter wurde.

Antennenhalterungen gibt es in allen möglichen Formen und Ausführungsvarianten.

8.2 Antennenhalterung

Im Handel wird eine Unzahl von Wandhalterungen angeboten. Sie sind filigran bis sehr stabil. Eine Halterung sollte vor Verbiegen sicher sein. Obwohl Aluminium nicht rostet, ist dieser Werkstoff für etwas größere, z. B. 90-cm-Antennen, nicht optimal geeignet. Da Aluminium zu den weichen Materialien zählt, gibt es unter höheren Belastungen nach und verbiegt sich unbemerkt bei schwereren Spiegeln im Laufe der Jahre nach unten. Schlechterer Empfang ist die Folge. Halterungen aus vollverzinktem Eisen sind hier die bessere Wahl.

Soll der Spiegel aufs Dach oder in den Garten, genügt ein einfaches Rohr. Dieses sollte mindestens 4 cm Durchmesser und eine nicht zu dünne Wand aufweisen. Ideal sind allerdings Rohre mit einem Durchmesser von 6 bis 8 cm. An diese lassen sich die Schellen der Antennenhalterung bestens montieren, und sie gewährleisten auch bei heftigeren Stürmen eine gute Standfestigkeit. Wird der Rohrdurchmesser zu gering gewählt, beginnt die Satellitenantenne im Wind oft zu schwingen, was als Empfangsbeeinträchtigung bemerkbar werden könnte.

Wie die Wandhalterung soll auch das Standrohr aus witterungsbeständigem Material, sprich verzinkt sein. Um die Hebelwirkung bei Stürmen nicht zu groß werden zu lassen, soll das Rohr an zwei möglichst weit auseinanderliegenden Stellen angeschraubt werden, z. B. am Dachstuhl und mittels Winkel oder angeschweißter Platte am Boden. Wichtig: Der Mast muss ausreichend gegen Verdrehen gesichert werden. Es braucht wohl nicht extra erwähnt zu werden, dass eine Wasserwaage eingesetzt werden sollte. Obwohl es zumindest einer fix ausgerichteten Satellitenantenne egal ist, wenn das Rohr etwas schief steht, so tut es doch der Optik des Hauses nicht gut. Soll die Antenne jedoch drehbar sein, so muss der Mast absolut senkrecht stehen. Sonst ist das Funktionieren der Drehanlage in Frage gestellt.

Damit das Dach dicht bleibt, bedarf es spezieller Mastdurchführungen. Diese werden in Form verschiedener Kunststoffziegel im Dachdeckerfachhandel in vielen Farben und Formen angeboten. Damit man die richtige Durchführung auch wirklich bekommt, kann es nie schaden, einen Musterdachziegel mitzunehmen.

Dinge, die man zum Einstellen einer Drehanlage braucht

Nicht zuletzt ist die Frage des Blitzschutzes zu klären. Befindet sich auf einem Gebäude ein Blitzableiter, ist der Antennenmast mit diesem zu verbinden. An dieser Stelle wird dringend geraten, im Zweifelsfalle einen Elektroinstallateur zu kontaktieren.

8.3 Vorbereitungsarbeiten

Eine Satellitenantenne lässt sich auch ohne Messgeräte optimal einstellen. Es genügen ein normales, tragbares Fernsehgerät und der Satelliten-Receiver. Diese Geräte werden in der Nähe der Schüssel aufgestellt.

Zuerst wird die Verbindung zwischen LNC und Receiver hergestellt. Handelt es sich um eine Einzelanlage, hat der Konverter nur eine Anschlussbuchse, bei einer Mehrteilnehmer-Anlage sind es vier. Sofern die Anschlussbelegung nicht am LNC aufgedruckt ist, entnimmt man sie der Gebrauchsanleitung. Wir schließen das Koaxialkabel bei „Horizontal unten" an. Alternative Bezeichnungen können etwa „HU" oder „HL" lauten. Das andere Ende des Kabels kommt an die Eingangsbuchse des Receivers. Diese ist leicht zu erkennen, sie sieht genauso aus, wie jene auf dem LNC. Natürlich muss an das Kabel der passende F-Stecker montiert werden. Man setzt den äußeren Mantel des Kabels vorsichtig 10 mm ab und streift

das Geflecht, nachdem man es sorgfältig ausgekämmt hat (kleine Drahtbürste, Rückseite einer Messerschneide), in die entgegengesetzte Richtung. Nun wird der Innenleiter 5 bis 7 mm freigelegt; dies richtet sich nach dem Kabeltyp (Richtwert 5 mm). Nun wird der Stecker soweit aufgeschraubt, dass der Innenleiter vorn plan abschneidet. Er dient ja als Steckerstift und ist daher eventuell genau nachzurichten. Nun ist noch das Fernsehgerät an den Receiver anzuschließen. Die einfachste Möglichkeit ist die Scart-Buchse. Das TV-Gerät wird auf AV gestellt und der Satellitenempfänger auf Programmplatz 1; hier ist laut Werksprogrammierung so gut wie immer die ARD eingespeichert, eingeschaltet und los geht's!

Verfügt der Fernseher lediglich über einen normalen Antenneneingang, muss er mittels Antennenkabel an den Satellitenempfänger angeschlossen werden. Da nun der Receiver für das TV-Gerät nichts anderes als ein neuer Fernsehsender ist, sollte dieser erst auf einem freien Programmplatz abgespeichert werden. Verfügt der Empfänger über einen Testbildgenerator, ist dieser einzuschalten, wenn nicht, reicht es, mittels Menütaste der Receiver-Fernbedienung das On Screen Display zu aktivieren. Wird nun am Fernsehgerät der automatische Sendersuchlauf aktiviert (s. Gebrauchsanleitung), findet er unter diesen Vorraussetzungen den „Sendekanal" des Receivers. Sind diese Arbeiten erledigt, sollte zumindest Rauschen ohne Bildinhalte zu sehen sein.

8.4 Einstellung der Antenne

Wenn der Antennenmast bzw. die Wandhalterung absolut senkrecht montiert wurde, kann man an die Voreinstellung der Elevation gehen. Darunter ist die Schräge, mit der die Antenne zum Himmel schaut, zu verstehen. Sie gibt also in Grad an, wie hoch der Satellit über dem Horizont steht. Im Beispiel München sind dies bei Astra 19,2° Ost etwa 34°. Hat man sich nicht für das absolute Baumarkt-Sonderangebot entschieden, wird man mit ziemlicher Sicherheit bei den Elevations-Einstellschrauben der Antenne eine Winkelskala finden. Diese ist zwar nicht übermäßig genau, aber doch eine wertvolle Hilfe.

Während nun die Antenne langsam horizontal geschwenkt wird, ist auf Veränderungen auf dem Bildschirm zu achten. Mit etwas Glück hat man die Elevation schon so exakt voreingestellt, dass sofort Empfang gelingt. Sieht man noch nichts, muss man die Elevation geringfügig verändern und nochmals schwenken, bis ein brauchbares Bild erscheint.

Die Elevationseinstellung wird meist durch eine in der Antennenhalterung eingeprägte Gradskala erleichtert.

Ausgehend davon erfolgt die Feineinstellung: Erstens den Azimut, also die Ost-West-Einstellung so verändern, dass die Bildqualität maximal wird, zweitens die Elevation so einrichten, dass das Bild einwandfrei erscheint.

Wenn man die Schüssel in die Nähe des Satelliten schwenkt, wird im Rauschen langsam, aber kontinuierlich ein immer besser werdendes Bild sichtbar. Das anfänglich nur verrauscht und schwarz/weiß ankommende Bild wird rauschfrei und bunt. Bewegt man die Antenne weiter, erscheint das Bild für einige Zeit einwandfrei, bevor es wieder schlechter zu werden beginnt. Solange sich die Empfangsqualität ändert, sieht man auch auf dem Fernsehgerät die sich ändernde Signalstärke. Wie verhält sich aber der Pegel in der Zeit, wo das Bild gleich gut zu sehen ist?

Auch hier ändert sich die Signalstärke. Das Bild bleibt nur deshalb einwandfrei, weil der Mindestsignalpegel für den optimalen Empfang überschritten wurde. Um die Antenne auf den maximalen Pegel einzustellen, muss man sich während der Bewegung der Schüssel die Stellungen, an denen das Signal erstmals einwandfrei erscheint, kennzeichnen. Die Schüssel wird horizontal und vertikal in der Mitte dieser Stellungen fixiert. So hat man die höchste Schlechtwetterreserve. Eine abschließende Kontrolle aller analogen Programme verschafft letzte Gewissheit über die Qualität der Arbeit.

8.5 Anschluss von LNC und Multischalter

Bei einer Einzelanlage ist lediglich ein Kabel vom Ausgang des Empfangskonverters zum Aufstellungsort des Satellitenempfängers zu verlegen.

Mehrteilnehmer-Anlagen-LNCs gibt es in zwei grundsätzlichen Varianten. Bei den länger bekannten Modellen ist jeder der vier Ausgänge genau definiert. An zwei Buchsen steht das untere Ku-Band (10,7 bis 11,7 GHz), an zwei weiteren Buchsen das obere Ku-Band (11.700 bis 12.750 MHz) an – je mit horizontaler oder vertikaler Ebene. Da auch am Multi-

schalter alle LNC-Eingänge festgelegt sind, ist es unumgänglich, alle vier von der Antenne kommenden Kabel an beiden Enden unverwechselbar zu beschriften. Um Kabel zu sparen, sollte der Multischalter zwar im Gebäudeinneren, aber recht nahe der Satellitenschüssel montiert werden. Da dieser aber nicht nur für die Verteilung der Sat-Signale, sondern auch für die Stromversorgung des Konverters verantwortlich zeichnet, ist am Montageort mindestens eine Steckdose vorzusehen. Beinahe alle Typen besitzen auch eine Eingangsbuchse für terrestrisches Fernsehen und Rundfunk. Da aber im Multischalter nicht zu vernachlässigende Verluste bei der Verteilung der terrestrischen Signale auftreten, kann es erforderlich sein, einen Antennenverstärker vorzuschalten.

Meist kommen Multischalter mit vier Ausgängen, an denen sowohl das Satelliten- wie auch das terrestrische Signal abgenommen werden kann, zum Einsatz.

Moderner sind Konverter mit integriertem Multischalter. Hier steht an allen Buchsen das volle Frequenzspektrum zur Verfügung. Jeder der vier Ausgänge wird direkt mit einem Satellitenempfänger verbunden. Dieser zeichnet auch unmittelbar für die Steuerung des Multi-

Bei der LNC-Montage ist darauf zu achten, dass dieser nicht schief montiert wird. Dann nämlich kann der Konverter die Empfangsebenen Horizontal und Vertikal nicht optimal trennen.

Anschluss der Kabel am Konverter.

Dieser Darstellung der Firma Kathrein ist zu entnehmen, wie die vier Ausgänge des Konverters an den Multischalter anzuschließen sind.

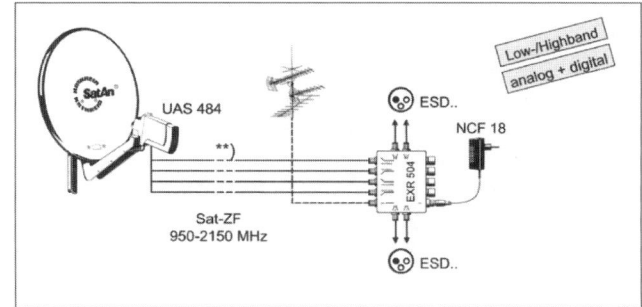

Eine Satellitenanlage muss nicht zwangsweise für mehrere Teilnehmer ausgelegt sein. Auch bei Einteilnehmersystemen kann man mit einer Einspeiseweiche terrestrische Signale gemeinsam mit dem Sat-Signal verteilen.

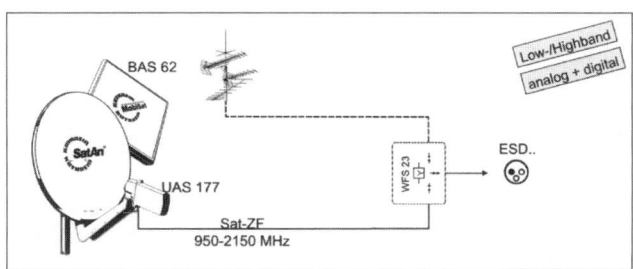

schalters verantwortlich. Einige Modelle bieten zudem eine terrestrische Einspeisemöglichkeit. Man erkennt diese am fünften Anschluss. Der Vorteil dieser Komplett-LNCs ist neben dem günstigeren Preis in der problemloseren Verlegung der Kabel zu sehen. Auf eine zentrale Verteilstelle, wie diese nun mal ein klassischer Multischalter darstellt, kann hier verzichtet werden. Während mehrere Multischalter-Modelle kaskadierbar sind – man kann sie direkt zusammenschalten und so zusätzliche Ausgänge verwirklichen – besteht diese Option bei Empfangseinheiten mit integrierter Verteilung kaum. Man muss sich als genau überlegen, ob man auf lange Sicht mit lediglich vier Ausgängen auskommt. Im Störungsfall bedeutet eine Komplettlösung immer einen Totalausfall der gesamten Empfangsanlage, also Satellit und terrestrisch.

8.6 Abdichtarbeiten

Wenn alle Kabel von der Antenne ins Innere fix verlegt sind, kann es nie schaden, alle eventuell vorhandenen Öffnungen etwa mit Silikon

abzudichten. Oft bleibt ein kleiner Spalt zwischen Dachdurchführung und Rohr bestehen. Um hier den Wassereintritt zu verhindern, sind abdichtende Maßnahmen erforderlich. Auch das Rohr ist mit einem kleinen Hut oder dergleichen an der Spitze abzudichten.

8.7 Kabelverlegung

Hier gibt es nicht viel zu sagen. Lediglich, dass es verboten ist, Antennenkabel und stromführende Leitungen in einem gemeinsamen Rohr zu verlegen. Bei späteren elektrischen Arbeiten besteht hier Verwechslungsgefahr, und eine Verwechslung kann einen Elektrounfall mit durchaus tödlichen Folgen provozieren.

Nebenbei können elektrische Leitungen, besonders dann, wenn sie in kurzem Abstand zum Antennenkabel verlegt sind, zu unangenehmen Störungen durch elektrische Beeinflussungen führen.

8.8 Kabel

Oft wird eine bestehende terrestrische Verteilanlage um den Satellitenempfang erweitert.

Dies bringt neue, strengere Anforderungen an das Antennenkabel mit sich. Musste es bisher nur Frequenzen bis maximal 862 MHz übertragen, so sind es nun bis 2.150 MHz. Da die Kabeldämpfung mit der Frequenz steigt, muss bei der Übertragung der ersten Sat-ZF mit Beeinträchtigungen gerechnet werden. Um unliebsame Überraschungen zu vermeiden, kann es durchaus ratsam sein, z. B. 25 Jahre alte Kabel durch neue zu ersetzen.

8.9 Antennensteckdosen

Bei Satellitenverteilanlagen mit terrestrischer Einspeisung, also klassischen Multischalter-Anlagen, wo alle Signale über ein gemeinsames Kabel verteilt werden, geht ohne Antennensteckdose gar nichts. Ihre Aufgabe besteht nicht nur darin, Anschlussmöglichkeiten für einen Satelliten-Receiver, ein TV-Gerät und ein Radio zur Verfügung zu stellen. Sie filtert für jeden der drei Anschlüsse nicht nur die richtigen Frequenzbereiche heraus, sondern verhindert auch, dass die vom Satellitenempfänger ausgegebene Steuerspannung von 14 oder 18 V nicht Schaden am Fernseher oder der HiFi-Anlage anrichten kann.

Wird eine bestehende terrestrische Verteilanlage auf Satellitenempfang erweitert, bedeutet dies auch einen Austausch aller Antennensteckdosen. Alte, nur für terrestrische Signale geeignete Dosen haben zwei Anschlüsse, Dosen für Satellitenempfang hingegen drei.

9. Azimut- und Elevationslisten

Die folgenden Tabellen geben Azimut und Elevation für die bekanntesten Städte Deutschlands, Österreichs, der Schweiz und Italiens für drei populäre Satelliten an.

Deutschland: Astra 19,2°Ost, Eutelsat 16° Ost, Hotbird 13° Ost								
Ort	Breite	Länge	Az	El	Az	El	Az	El
Bad Reichenhall	47,7	12,9	171,5	34,9	175,8	35,1	179,9	35,2
Berlin	52,5	13,4	172,7	29,7	176,7	29,9	180,5	30,0
Bremen	53,1	8,8	167,1	28,6	171,1	29,0	174,8	29,2
Cottbus	51,8	14,3	173,8	30,6	177,9	30,8	181,7	30,8
Dortmund	51,5	7,5	165,1	30,0	169,1	30,5	172,9	30,8
Dresden	51,1	13,7	173,0	31,3	177,1	31,5	180,9	31,6
Emden	53,4	7,2	165,2	28,1	169,1	28,5	172,8	28,8
Erfurt	51,0	11,0	169,5	31,1	173,6	31,5	177,5	31,6
Flensburg	54,8	9,5	168,1	26,9	172,0	27,2	175,7	27,4
Frankfurt am Main	50,1	8,7	166,4	31,7	170,5	32,1	174,4	32,4
Freiburg / BW	48,0	7,8	164,9	33,8	169,1	34,3	173,1	34,7
Greifswald	54,1	13,4	172,8	28,0	176,8	28,2	180,5	28,3
Hamburg	53,6	10,0	168,6	28,3	172,5	28,6	176,3	28,8
Hannover	52,4	9,8	168,2	29,5	172,1	29,8	175,9	30,1
Kassel	51,3	9,4	167,6	30,6	171,6	31,0	175,4	31,2
Kiel	54,3	10,1	168,9	27,5	172,8	27,8	176,5	28,0
Koblenz	50,3	7,5	164,9	31,3	169,0	31,8	172,9	32,1
Leipzig	51,3	12,4	171,3	30,9	175,3	31,2	179,2	31,3
Magdeburg	52,1	11,6	170,4	30,0	174,5	30,3	178,3	30,4
Mönchen Gladbach	51,2	6,5	163,8	30,2	167,8	30,7	171,6	31,1
München	48,1	11,6	169,8	34,2	174,1	34,6	178,1	34,7
Neubrandenburg	53,6	13,3	172,6	28,6	176,6	28,8	180,3	28,8
Nürnberg	49,5	11,1	169,3	32,8	173,5	33,1	177,4	33,3
Osnarbrück	52,3	8,1	166,0	29,3	170,0	29,8	173,8	30,0
Passau	48,6	13,5	172,4	34,0	176,6	34,2	180,6	34,3
Pirmasens	49,2	7,6	164,8	32,5	169,0	33,0	172,9	33,3
Plauen	50,5	12,1	170,9	31,8	175,0	32,0	178,9	32,1

Ort	Breite	Länge	Az	El	Az	El	Az	El
Ravensburg	47,8	9,6	167,1	34,3	171,4	34,8	175,4	35,0
Regensburg	49,0	12,1	170,6	33,4	174,8	33,6	178,8	33,8
Rostock	54,1	12,1	171,3	27,9	175,2	28,2	178,9	28,3
Stuttgart	48,8	9,2	166,8	33,2	171,0	33,6	174,9	33,9
Trier	49,8	6,6	163,7	31,7	167,8	32,3	171,7	32,6
Ulm	48,4	10,0	167,7	33,7	172,0	34,2	175,9	34,4

Österreich: Astra 19,2°Ost, Eutelsat 16° Ost, Hotbird 13° Ost

Ort	Breite	Länge	Az	El	Az	El	Az	El
Bregenz	47,5	9,8	167,3	34,7	171,6	35,1	175,6	35,3
Graz	47,1	15,5	174,9	35,8	179,2	35,9	183,3	35,9
Innsbruck	47,3	11,4	169,4	35,2	173,7	35,5	177,8	35,7
Klagenfurt	46,6	14,3	173,3	36,2	177,7	36,4	181,8	36,4
Lienz	46,8	12,8	171,2	35,8	175,6	36,1	179,7	36,2
Linz	48,3	14,3	173,4	34,4	177,7	34,5	180,0	35,1
Salzburg	47,8	13,0	171,7	34,8	176,0	35,0	180,0	35,1
Wien	48,2	16,4	176,2	34,6	180,5	34,7	184,5	34,6

Schweiz: Astra 19,2°Ost, Eutelsat 16° Ost, Hotbird 13° Ost

Ort	Breite	Länge	Az	El	Az	El	Az	El
Bern	47,0	7,5	164,1	34,8	168,4	35,4	172,4	35,8
Genf	46,2	6,2	162,2	35,3	166,5	36,0	170,6	36,4
Locarno	46,2	8,8	165,7	35,9	170,0	36,4	174,2	36,7
Zürich	47,4	8,5	165,6	34,6	169,9	35,1	173,9	35,4

Italien: Astra 19,2°Ost, Eutelsat 16° Ost, Hotbird 13° Ost

Ort	Breite	Länge	Az	El	Az	El	Az	El
Bozen	46,5	11,3	169,2	36,0	173,6	36,3	177,7	36,5
Neapel	40,8	14,3	172,5	42,5	177,4	42,8	182,0	42,8
Palermo	38,1	13,3	170,6	45,4	175,7	45,7	180,5	45,8
Rimini	44,1	12,6	170,5	38,8	175,0	39,1	179,4	39,2
Rom	41,9	12,5	170,0	41,1	174,8	41,5	179,3	41,6
Triest	45,7	13,8	172,4	37,2	176,9	37,4	181,0	37,5
Venedig	45,5	12,3	170,4	37,2	174,9	37,6	179,1	37,7
Verona	45,5	11,0	168,6	37,1	173,0	37,5	177,2	37,6

10. Multifeed-Anlagen

Will man mehr als eine Satellitenposition empfangen, bieten sich grundsätzlich drei Möglichkeiten:

1. Die klassische Drehanlage ermöglicht zwar den Empfang beinahe aller Satelliten die vom Aufstellungsort aus sichtbar sind, ist aber nur als Einzelempfangsanlage sinnvoll.
2. Als einfachere, dafür aber platzintensivere Option bietet sich das Aufstellen mehrerer Spiegel an. Für jede zu empfangende Position einer.
3. Als interessanteste Möglichkeit erscheint die Multifeed-Anlage. Hier werden im Brennpunkt einer Satellitenantenne mindestens zwei Konverter installiert.

Das hat natürlich einige Haken. Der Umstand, dass bei einer Multifeed-Anlage die Satelliten nicht allzu weit voneinander positioniert sein dürfen, berührt uns in den meisten Fällen wenig. Geht es doch primär darum, die in unserem Raum beliebtesten Positionen Astra auf 19,2° Ost und Eutelsat Hotbird auf 13° Ost zu empfangen. Sofern die Satelliten keinen größeren Abstand als 10° haben, sind keine wesentlichen Probleme zu erwarten. Eine Kombination von Astra und Türksat auf 42° Ost ist also abzulehnen.

Werden zwei Satelliten mit einer Antenne empfangen, müssen die LNCs mehr oder weniger „schielend" montiert werden. Da dies

Eine Multifeed-Anlage macht vor allem dann Sinn, wenn man ein wenig multikulturell interessiert ist. MBC sendet digital auf 13° Ost.

51

Eutelsat Hotbird bringt eine kaum noch übersehbare Anzahl italienischer Sender digital und unverschlüsselt. Canale Lauoro gehört zu den kleinen Stationen Italiens.

Aber auch Deutsches gibt es auf Eutelsat Horbird. Nicht nur der deutsche Musiksender ONYX TV sendet ausschließlich über diesen Satelliten, auch andere interessante Angebote in unserer Muttersprache sind hier exklusiv zu finden.

Will man Saddam Hussein ein wenig über die Schulter schauen, hat man bei Iraq TV Gelegenheit dazu. Ebenfalls zu sehen auf 13° Ost.

üblicherweise auf einer gemeinsamen Schiene geschieht, schauen beide Konverter mit der gleichen Elevation gen Himmel. Deckt sich der an der Schüssel eingestellte Wert weitgehend mit jenen der Satelliten, wird der Brennpunkt mehr oder weniger gut erreicht. Je weiter zwei Positionen aber voneinander entfernt sind, umso schlechter müssen zwangsweise die Empfangsresultate sein. Bei Satelliten, deren Positionen eher östlich oder westlich zu suchen sind, ändert sich bei vergleichbarem Abstand zueinander die Elevation stärker.

10.1 Wie montieren?

Auch eine Multifeed-Antenne ist im Wesentlichen wie eine Einzelanlage zu justieren, und die Vorgehensweise kann bedenkenlos von dieser übernommen werden. Allerdings sind, bevor man zur Arbeit schreitet, einige Überlegungen anzustellen. Bei einer Multifeed-Anlage gelangt zu den einzelnen Konvertern nicht die volle Empfangsenergie. Der „schielende" Empfang muss mit Verlusten erkauft werden. Mit einer 60-cm-Schüssel ist also kaum an ein gut funktionierendes Multifeed-System zu denken. Als Untergrenze sind 75 cm zu sehen, wobei es auch hier noch zu Empfangsbeeinträchtigungen kommen kann. Ein 90-cm-Spiegel scheint die beste Wahl zu sein. Die systemspezifischen Verluste werden durch die größere Reflektorfläche kompensiert, und man kann davon ausgehen, auch genügend Schlechtwetterreserve zu haben. Die zweite Überlegung widmen wir der Signalstärke der Satelliten. Zwei Fälle können auftreten: Erstens, beide Satelliten kommen mit etwa gleich starkem Pegel, wie Asta und Hotbird. Um beiden LNCs die gleiche Empfangsenergie anzubieten, werden sie so montiert, dass sie gleichermaßen „schielen". Die Antenne zeigt also mit ihrem Brennpunkt sozusagen auf 16° Ost. Die zweite Möglichkeit wäre, zwei verschieden starke Satelliten empfangen zu wollen. Dann wird die Empfangseinheit für den leistungsschwächeren Satelliten direkt im Brennpunkt montiert, während nur die andere „schielt". Hier hat man

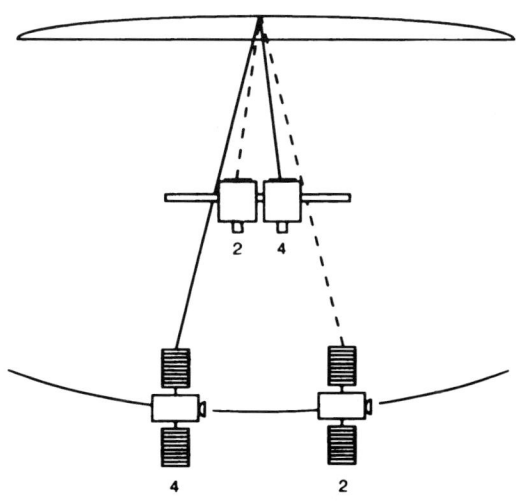

Sollen benachbarte Satelliten empfangen werden, ist der Abstand zwischen beiden Konvertern gering. Die Verluste durch den „schielenden" Empfang können hier vernachlässigt werden.

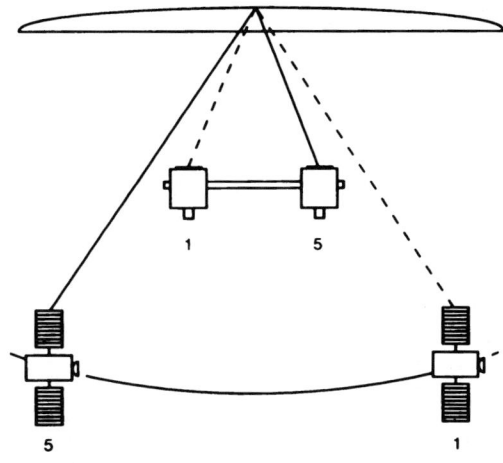

Je nach Winkel zwischen den zu empfangenen Satelliten können die Verluste Dimensionen erreichen, die den Einsatz einer größeren Antenne erforderlich machen.

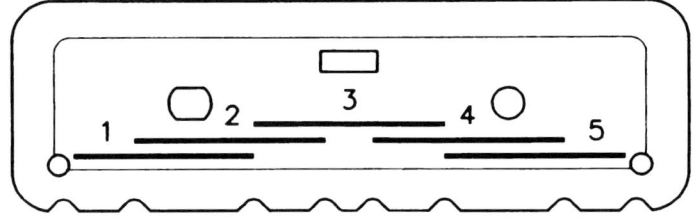

Kathrein-Montageplatte für Multifeed-Empfang mit einer Offset-Antenne

es mit einem Grenzfall zu tun. Immerhin muss damit gerechnet werden, soviel an wertvoller Empfangsenergie zu verlieren, dass sich bei der leistungsstarken Position die Qualität vermindert. Schlechtwetterreserve ist für diese Position eher ein Fremdwort. Um auf Nummer sicher zu gehen, sollte man den nächstgrößeren Spiegeldurchmesser wählen. Die alte Faustformel, wonach beim Multifeed-Empfang die nächstgrößere Antenne wie beim schwächeren Satelliten verwendet werden soll, hat nach wie vor Bestand.

Die meisten Multifeed-Anlagen empfangen zwei Satelliten, die 6 oder 9 Grad entfernt sind. Möchte man zwei stark benachbarte Positionen, also etwa Astra auf 19,2° Ost und Eutelsat auf 16° Ost empfangen, gelingt es nicht, den kleinen Winkel zu realisieren. Der Grund ist simpel und gemein. Obwohl man glauben möchte, dass gerade hier mit den wenigsten Verlusten zu rechnen sei, ist eine Drei-Grad-Multifeed-Anlage vielfach unmöglich, weil die LNCs zu groß, genauer gesagt zu breit sind. Sie lassen sich einfach nicht soweit zusammenrücken, um den kleinen Winkel zu erreichen. Speziell für solche Anwendungen wurden LNCs in Schmalbauweise angeboten. Diese sind aber eher selten und meist teuer. Ein zweiter Ausweg wäre, beide Empfangseinheiten in der Tiefe etwas zu verrücken. Ein LNC würde etwas zu nah am Brennpunkt montiert sein, der zweite etwas zu weit entfernt. Diese Maßnahme setzt darauf, dass die Konverter ihre größte Breite nicht beim Feedhorn haben, sonst würde das Feedhorn des hinteren Konverters teilweise vom vorderen verdeckt werden.

Da also eine Multifeed-Anlage für zwei nur 3° voneinander entfernte Satelliten eher schwer zu realisieren sein dürfte, ist auch die Installation einer zweiten Antenne in Erwägung zu ziehen.

10.2 Verkabelung

Ein Multifeed-System bedarf einer etwas anderen Verkabelung als eine einfache Satellitenempfangsanlage.

Die Multifeed-Anlage stellt erhöhte Anforderungen an den Receiver. Immerhin müssen zwei Konverter verwaltet werden. Zum Receiver zwei Antennenkabel zu verlegen, wäre zwar die einfachste Variante, aber nur wenige Luxusempfänger besitzen zwei Eingangsbuchsen. Bei der Programmierung dieser Geräte muss lediglich darauf geachtet werden, jedem Programmplatz die richtige Buchse zuzuwei-

Multifeed-Anlage für kombinierten Astra- und Eutelsat-Hotbird-Empfang

54

Gut zu sehen sind die vier Anschlüsse des Universal-LNCs. Der Fachmann erkennt sofort: Hier handelt es sich um eine Mehrteilnehmer-Anlage. Damit es nicht zu Verwechslungen kommt, kann es nie schaden, alle Kabel zu beschriften.

sen. Hat der Receiver nur eine Eingangsbuchse, kommt man selbst bei einer Einteilnehmeranlage nicht an einem DiSEqC-Schalter vorbei. Dazu wird lediglich ein DiSEqC-Relais benötigt. Es gibt sie mit zwei oder vier Eingängen und einem Ausgang. Je nach Modell können bis zu vier LNCs bzw. Satelliten damit gesteuert werden. Um unnötige Kabellängen zu sparen, kann das DiSEqC-Relais z. B. im Dachboden montiert werden. Eine terrestrische Einspeisemöglichkeit bieten diese Bauteile nicht.

Der Normalfall ist allerdings ein Multischalter mit acht Eingängen. Zu diesem werden von den Konvertern also acht Koaxialkabel verlegt. Da hier auch bei kurzer Entfernung leicht 50 m verbraucht werden, ist besonders auf die Nähe des Schalters zur Schüssel zu achten. Sollte dadurch die Zuleitung von der terrestrischen Antenne länger werden als geplant, macht dies im Regelfall nichts.

Die Industrie bietet eine Reihe unterschiedlicher Schalter für den Zweisatellitenempfang. Ein moderner Typ hat für jeden Satelliten vier Eingänge, eine Eingangsbuchse für terrestrischen Empfang und vier Ausgänge. Ist man

sich im Unklaren, ob dies auf längere Sicht genügt, sollte man ein kaskadierbares System kaufen. Es kann bei Bedarf um vier Ausgänge erweitert werden. Es gibt auch Multischalter mit sechs (selten) oder acht Ausgängen. Da hier der Bedarf aber nicht so groß scheint, haben nicht alle Firmen solche Schalter im Programm.

Das Anschließen des Multischalters stellt eine kleine Herausforderung dar. Zwar sind alle Eingänge des Schalters und Ausgänge der LNCs eindeutig gekennzeichnet, aber meist schafft man es trotzdem, mindestens zwei Kabel falsch anzuschließen. Die häufigste Fehlerursache sind die verschiedenen Anschlussreihenfolgen von Konverter und Multischalter. Aber auch die selten übereinstimmenden „Beschriftungsphilosophien" verwirren. Genaues Betrachten der Komponenten und ein Blick auf deren Beipackzettel können dieses Manko beseitigen helfen. Ein weiterer, sehr beliebter Fehler ist das falsche Markieren der Kabel. In der Praxis werden meist zwei Leute mit dem Verlegen der Antennenleitungen von der Schüssel in den Dachboden beschäftigt sein. Dabei hat der Gesprächspartner schnell etwas anderes verstanden als gesagt wurde.

10.3 Wie funktioniert ein Multischalter mit acht Eingängen?

Wie beim Empfang lediglich eines Satelliten wird durch die Höhe der Speisespannung die Polarisationsebene und durch das Vorhandensein oder Nichtvorhandensein des 22-kHz-Signals der Frequenzbereich bestimmt. Mit 18 V ist die Polarisation z. B. horizontal, und mit 22-kHz-Signal wird das obere Ku-Band – Astra veranstaltet hier ausschließlich Digitalfernsehen – empfangen. Alle gängigen Satellitenempfänger liefern diese Schaltkriterien.

Um aber zwischen den LNCs umschalten zu können, bedarf es eines weiteren Schaltkriteriums, nämlich DiSEqC. Das von Philips und Eutelsat entwickelte System ist nicht nur in der Lage, zwischen zwei Satellitenpositionen auszuwählen, sondern auch (in entsprechender Va-

Multischalter für den
Empfang zweier Satelliten

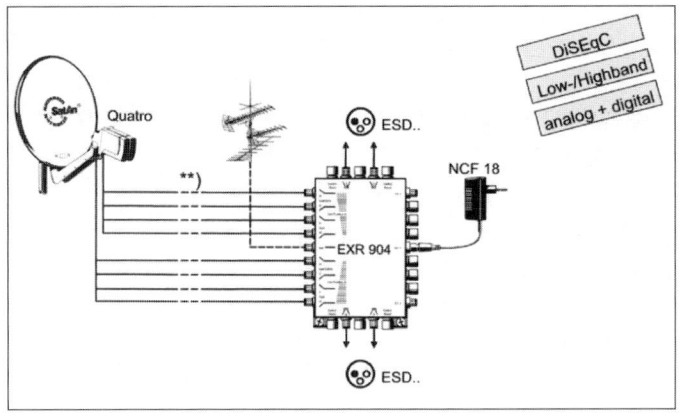

Anschlussschema einer
Multifeed-Anlage mit vier
Ausgängen. Wie
unschwer zu erkennen
ist, lässt sich eine digitaltaugliche Zweisatelliten-Empfangsanlage nur
mit DiSEqC realisieren.

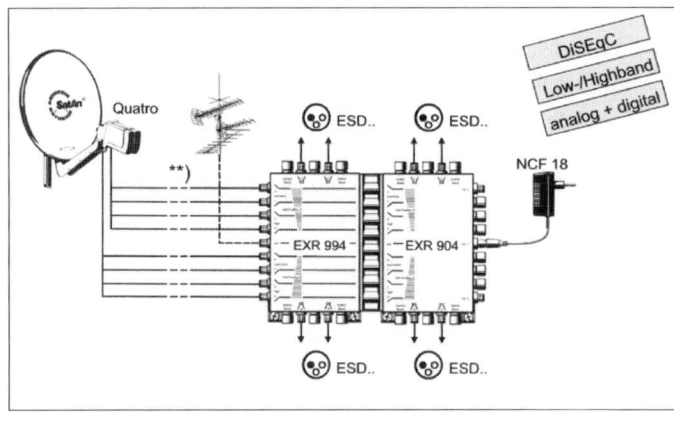

Kaskadierbares Multifeed-System der Firma
Kathrein für acht Teilnehmer

riante) Drehanlagen zu steuern. Für eine Zwei-LNC-Anlage wird der Level 1.0 als Mindestvoraussetzung angesehen. Inzwischen dürfte kein Digitalempfänger mehr auf dem Markt sein, der DiSEqC nicht integriert hat. Selbst die d-box sollte sich schon darauf verstehen. Auch nicht allzu alte Analogempfänger sind mit DiSEqC ausgerüstet.

Das Aktivieren des DiSEqC-Signals kann sehr unterschiedlich erfolgen. Ein einheitliches Konzept hat sich, obwohl es dieses Schaltkriterium schon mehrere Jahre gibt, bislang nicht durchgesetzt. Einstellvarianten sind z. B. die simple Auswahlmöglichkeit von Satellit A oder B oder die genaue Vorwahl von Empfangsebene und Satellit mittels Zahlenwert. Da hier beim besten Willen keine allgemeingültige Aussage getroffen werden kann, bleibt nichts anderes übrig, als die Bedienungsanleitung des Receivers zu studieren.

10.4 Mehr als zwei Satellitenpositionen

Eine Multifeed-Anlage kann auch für mehr als zwei Satelliten aufgebaut werden. Da dem System jedoch Grenzen gesetzt sind, ist zu erwägen, ob der Kosten/Nutzen-Faktor noch gegeben ist. Abseits von Astra und Hotbird ist das Programmangebot vergleichsweise dürftig, und man wird nur eine Hand voll zusätzlicher Sender gewinnen. Die am leichtesten zu realisie-

renden Lösungen von Astra, Eutelsat Hotbird und Eutelsat auf 7° Ost oder Sirius auf 5° Ost scheinen wenig attraktiv. Auf Eutelsat 7° Ost sendet lediglich ein wenn auch umfangreiches Pay-TV-Paket für die Türkei, auf Sirius 5° Ost sind neben dem unverschlüsselt analog über-

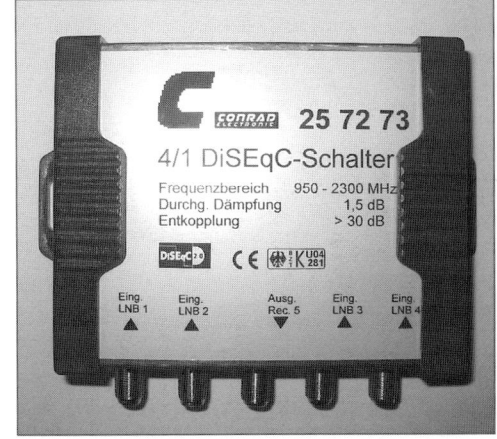

Sollen mehr als zwei Satelliten angepeilt werden, ist eine Mehrteilnehmer-Anlage nicht mehr einfach realisierbar. Eher wird man solche Systeme als Einteilnehmeranlagen planen. Selbst hier ist es nicht gerade leicht, mehrere Konverter an nur einem LNC-Eingang anzuschließen. Abhilfe kann ein DiSEqC-Relais mit vier LNC-Eingängen und einem Ausgang schaffen.

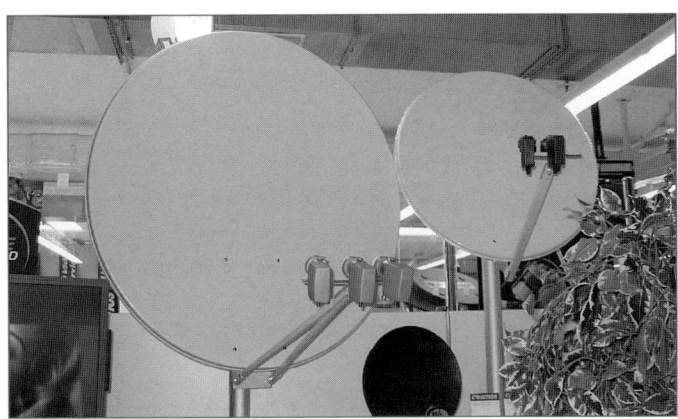

Dreifach- und Doppel-Feed-Anlage

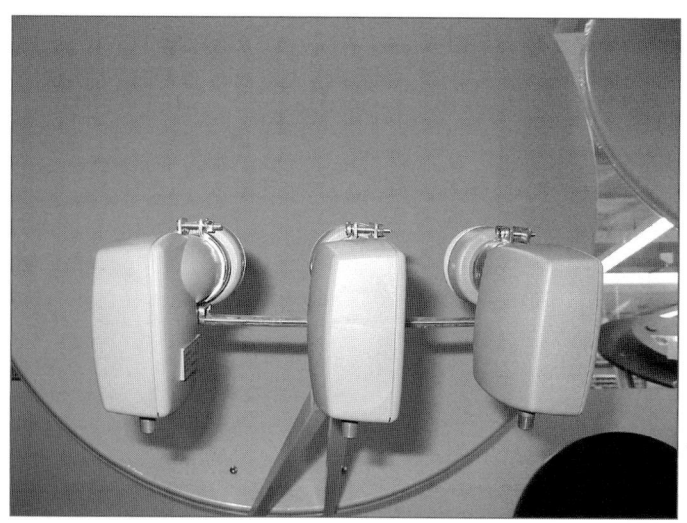

Empfangsanlage für drei Satelliten

tragenen zypriotischen Fernsehen nur wenige frei empfangbare Digitalkanäle vertreten. Den Großteil der Sender stellt „Via Digital", ein skandinavischer Pay-TV-Anbieter. Ein Abonnement außerhalb der Zielgebiets ist nur beim türkischen Paket möglich.

Sollen mehrere Satelliten empfangen werden, drückt dies natürlich gehörig auf die Geldbörse, nicht zuletzt kosten LNCs Geld, von der etwas größeren Antenne oder gar speziellen Multifeed-Schüsseln ganz zu schweigen. Multifeed-Anlagen mit drei oder mehr Satelliten lassen sich auch nicht ohne weiteres in Mehrteilnehmer-Anlagen integrieren. Standardbauteile genügen nicht mehr.

Nicht zuletzt kann man mit einer fix ausgerichteten Antenne und nur einem Konverter ebenfalls mehrere Satelliten empfangen. Die Empfangseinheit ist auf einer Welle montiert und wird im Brennpunkt der Antenne mit einem kleinen Motor axial verschoben. Wie herkömmliche Drehanlagen kann auch dieses System nur als Einzelempfangsanlage sinnvolle Anwendung finden.

11. Satellitenradio

Fernsehen spielt die maßgebliche Rolle beim Satellitenempfang, ist aber bei Weitem nicht alles, was uns vom Himmel geliefert wird. Die Rede ist von Satellitenradio. Sicher, das Fernsehen hat dem Radio viele „Freunde" abgeworben, aber es gibt sie noch immer, die Verehrer des klassischen Radios.

Weshalb wird auch Radio über Satellit verbreitet? Die entscheidende Rolle spielt sicher wie beim Fernsehen die Signalzuführung zu den Kabel-Kopfstationen, aber auch die Satellitenempfangs-Haushalte will man bewusst erreichen. Nicht zuletzt dient der Satellit bei einigen Sendern auch der Signalzuführung zu terrestrischen Sendeanlagen. Allein schon deswegen, weil man damit gleich drei Fliegen mit

einer Klappe schlagen kann: weniger Kosten als bei erdgebundenen Richtfunkstrecken, Erreichung von Kabel-TV- wie auch Satellitendirektempfangs-Haushalten sowie ausgesprochen gute Signalqualität.

11.1 Analoges Satellitenradio

Radio wird über Satellit in mehreren nicht kompatiblen Standards übertragen. Der einfachste und am längsten eingesetzte ist die Nutzung verschiedener Tonunterträger des analogen Fernsehsignals. Der Bild-Ton-Abstand wird in Megahertz (MHz) angegeben. Auf Astra 19,2° Ost, also jenem Satelliten, den die meisten von uns anpeilen, befindet sich der TV-Ton auf den Unterträgern 7,02 (linker Tonkanal) und

Der Kathrein UFD 232 bietet auch für analoges Radio ein vorzügliches Installationsmenü.

59

7,20 MHz (rechter Tonkanal). Für Radioprogramme stehen weitere Unterträger 7,38, 7,56, 7,74 und 7,92 MHz vom Bildsignal entfernt zur Verfügung. Auf anderen Satelliten werden für analoges Radio auch die Tonunterträger 8,10 und 8,28 MHz verwendet. Wird in Stereo ausgestrahlt, werden zwei Tonunterträger benötigt. Auf Astra sind dies die Paare 7,38 und 7,56 MHz sowie 7,74 und 7,92 MHz. Einige exotische Radios auf anderen Satelliten bedienen sich zwar ebenfalls dieses 180-kHz-Unterträgerrasters, würfeln diese aber bei Stereo bunt durcheinander.

Analoge Radioprogramme können mit jedem analogen Satelliten-Receiver empfangen werden. Da die Radiostationen Untermieter eines Fernsehsenders sind, ist am Receiver die Frequenz und Polarisation des TV-Programms einzustellen. Im Audiomenü sind statt der (oder des) Fernsehtonunterträger(s) jene des Radiosenders einzustellen und anschließend genauso wie ein TV-Kanal abzuspeichern.

Verschiedene Analogreceiver bieten die Option, den linken und rechten Audiokanal getrennt und in 1-kHz-Schritten einstellen zu kön-nen Dies ermöglicht auf exotischen Satelliten die Einstellung aller möglichen Tonunterträger-Kombinationen. Speziell bei für den Empfang von Astra oder Eutelsat entwickelten Geräten sind die gängigen Tonunterträger-Kombinationen fix vorgegeben, was bei manchem Exotenempfang nachteilige Folgen haben könnte. Mit der Wahl der richtigen Tonunterträger ist es aber noch nicht getan. Es ist vor allem der Audiobandbreite erhöhtes Augenmerk zu schenken. Während für den auf Astra kaum noch verwendeten Mono-Haupttonunterträger 6,50 MHz – auf anderen Satelliten 6,60 oder 6,65 MHz – Bandbreiten von ca. 280 kHz Anwendung finden, ist für die Tonunterträger ab 7,02 MHz 150 oder 180 kHz einzustellen. Die Audiobandbreiten sind nicht genormt, und so bieten einzelne Satelliten-Receiver verschiedene Werte. Bei einfachen Geräten sind es nur zwei, hochwertigere Empfänger haben bis zu zehn. Wird die Bandbreite zu hoch gewählt, klingt der Ton verrauscht. Bei zu kleiner Bandbreite wirkt das Signal übersteuert, was besonders bei „S"-Lauten unangenehm auffällt. Last but not least ist die De-Emphasis

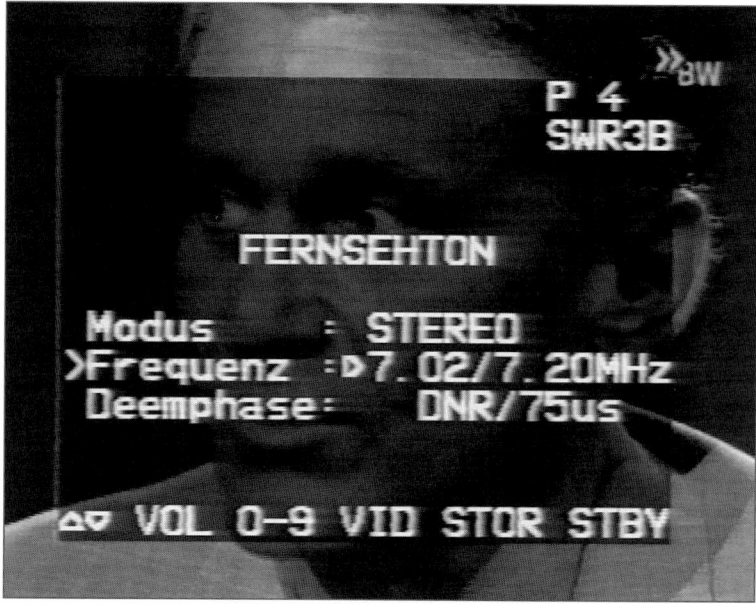

Radiosender lassen sich aber auch ohne eigenes Menü einstellen. Es genügt, beim Einstellen des TV-Tonunterträgers das „falsche" Audio-Tonunterträgerpaar zu wählen und einen Radiosender im Receiver als TV-Kanal abzuspeichern.

einzustellen. Darunter ist die Rückentzerrung zu verstehen. Das Signal wird vom Sender verzerrt und im Empfänger wieder entzerrt, weil es so besser übertragen werden kann. Obwohl verschiedene Normen eingesetzt werden, obliegt die richtige Einstellung primär dem subjektiven Hörempfinden. Während etwa die Einstellparameter 50 oder 75 µs hoch klingen, betonen „J17" oder „Adaptiv" eher dumpfe Töne. Das speziell zur Verzerrung/Entzerrung beim Satellitenrundfunk entwickelte Panda-Wegener-Verfahren wird primär bei Stereountertägern und einer Bandbreite von 150 kHz angewendet.

Die J17-Norm wird auf dem französischen Telecom-Satelliten auf 5° West eingesetzt. Sie bedient sich nicht des 180-kHz-Rasters. Laut französischer Norm werden die Tonunterträger 6,40, 7,25 und 7,75 MHz genutzt. Die Zahl der analogen Radios auf 5° West nimmt stark ab. So waren während der Arbeiten zu diesem Buche nur noch vier analoge Rundfunkstationen in Mono auf Telecom 5° West aufgeschaltet, und es ist nur eine Frage der Zeit, bis auch diese zugunsten digitaler Übertragungen eingestellt werden. Obwohl auf Astra derzeit etwa 50 analoge Radios ausgestrahlt werden, ist die Zahl der in diesem Modus sendenden Programme stagnierend. Analoges Radio erreicht etwa UKW-Qualität und ist nicht für Rebroadcast geeignet, dazu muss das Signal höherwertiger sein. Da aber für Stereoaussendungen zwei Tonunterträger angemietet werden müssen, sind die Übertragungskosten als hoch zu beziffern. Da die Bereitschaft vieler Sat-Anlagenbesitzer, auch Radio über Satellit zu konsumieren, eher gering ist, sehen immer mehr Programmveranstalter keinen Grund, bestehende analoge Programme bis zum Sankt Nimmerleinstag aufgeschaltet zu lassen. Obwohl in den meisten Haushalten nach wie vor reine Analogreceiver stehen, wird die Möglichkeit damit auch Radio zu hören, ungenützt gelassen.

11.2 Astra Digital Radio (ADR)

Auf der Internationalen Funkausstellung 1995 in Berlin fiel der offizielle Startschuss für das Astra Digital Radio, kurz ADR. Es ermöglicht den Empfang von digitalen Hörfunkprogrammen mit einer entsprechenden Empfangsanla-

Der Kathrein-ADR-Empfänger UFD 232 kann auch analoges Fernsehen und Radio empfangen.

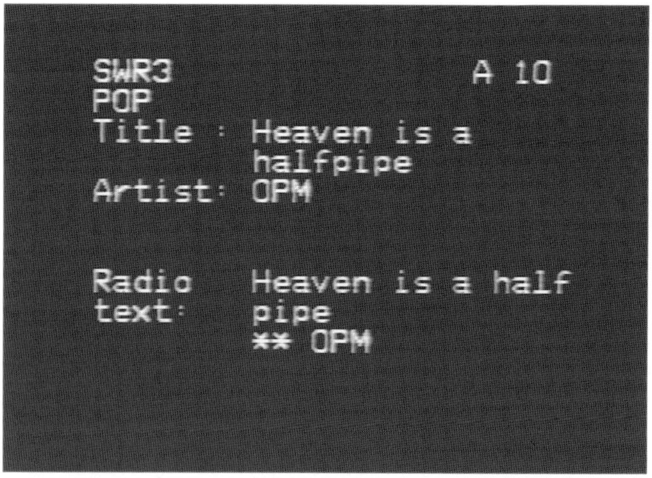

```
SWR3                A 10
POP
Title : Heaven is a
          halfpipe
Artist: OPM


Radio    Heaven is a half
text:    pipe
          ** OPM
```

Je nach Programmanbieter werden im ADR-Verfahren neben dem Sendernamen auch zusätzliche Informationen, wie Musiktitel, übertragen.

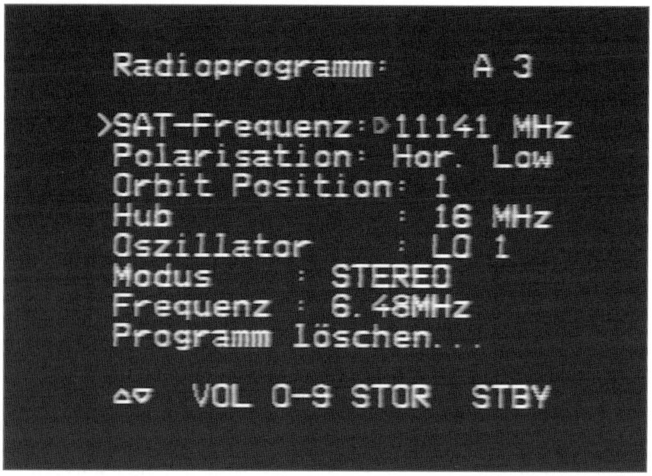

```
Radioprogramm:     A 3

>SAT-Frequenz:⊳11141 MHz
Polarisation: Hor. Low
Orbit Position: 1
Hub          : 16 MHz
Oszillator   : LO 1
Modus      : STEREO
Frequenz : 6.48MHz
Programm löschen...

△▽ VOL 0-9 STOR  STBY
```

ADR-Einstellmenü des Kathrein UFD 232

ge. Diese unterscheidet sich von einer herkömmlichen Anlage durch den ADR-Empfänger. Allerdings ist die Klangqualität trotz hoher Abtastrate wegen des verwendeten Datenreduktionsverfahrens Musicam geringer als bei der CD, aber deutlich besser als beim analogen UKW-Rundfunk, wobei die datenreduktionsbedingten Qualitätsnachteile von ADR nur bei akustisch sehr hochwertigen Programmen, wie klassische Musik, sowie bei unpassender Einstellung der Parameter zusätzlicher Dynamikkompressoren á la Optimod bemerkbar sein

dürften. Obwohl es sich um ein digitales Übertragungsmedium handelt, ist es von analogen Fernsehprogrammen abhängig. ADR wird auf den verschiedenen Tonunterträger-Frequenzen des analogen TV-Signals übertragen. Neben den klassischen Tonunterträgern 7,38, 7,56, 7,74 und 7,92 MHz kommen 8,10, 8,28 und 8,46 MHz zur Anwendung. Um möglichst viele Kapazitäten zu schaffen, schalteten die meisten Fernsehsender den Mono-Hauptton-Unterträger 6,50 MHz ab. Auch die Frequenzen 6,12, 6,30, 6,48, 6,66 und 6,84 MHz wurden für

ADR bereitgestellt. So können auf einem analogen TV-Kanal bis zu zwölf ADR-Programme übertragen werden. Im Gegensatz zum analogen Stereorundfunk genügt für beide Kanäle ein Tonunterträger. Auf einem ADR-Kanal können aber auch zwei Programme übertragen werden. Die Tonträger haben 180 kHz Abstand. Bei ADR wird mit QPSK (Quadrature Phase-Shift Keying, Vierfach-Phasenumtastung) moduliert. Die Quellencodierung erfolgt nach der Norm MPEG I Layer 2. Die Datenrate beträgt 192 kbit/s pro Stereokanal, wobei 9,6 kbit/s für Zusatzdaten reserviert sind. Die Abtastrate von 48 kHz lässt einen Frequenzbereich von 20 Hz bis 20.000 Hz zu. Der Dynamikbereich ist mit über 90 dB beachtlich.

Wozu Zusatzdaten? Nun, neben dem Sendernamen wird bei allen Stationen auch die Programmsparte übertragen und im Empfänger-Display angezeigt. Zehn stehen zur Auswahl: Klassik, Pop, Oldies, Rock, Jazz, Country, Spezial, Regional, News/Events und General. Zappt man die verschiedenen Kanäle durch, sieht man sofort, ob eine Station grundsätzlich dem Gesuchten entspricht. Aber nicht nur das. Am ADR-Empfänger kann eine bestimmte Sparte vorgewählt werden. Fortan schaltet das Gerät nur noch auf jene Programme, die diese Kennung ausstrahlen. Weiter wird auch der vom UKW-Rundfunk bekannte, im Radio Data System (RDS) übertragene Text teilweise zur Darstellung gebracht. Einige Sender senden zudem auch Titel und Interpret, manchmal sogar Albumname und CD-Nummer der gerade gespielten Musik.

Reine ADR-Empfänger sind nur noch auf dem Gebrauchtgerätemarkt zu finden. Da Astra Digital Radio ein analoges TV-Signal benötigt, hat man das System schnell in herkömmliche Analogreceiver integriert. Natürlich ist nicht jeder Analogempfänger mit ADR ausgerüstet. Dieses Feature bieten nur Geräte der Oberklasse. Sie sind natürlich auch erstklassige Sat-TV-Geräte, werden aber als ADR-Empfänger angeboten. Ältere ADR-Geräte haben einen Schlitz für eine Decodierkarte und tragen die

zusätzliche Bezeichnung DMX. Bei DMX handelte es sich um einen Pay-Radio-Dienst mit rund 60 Spartenkanälen ohne Wortbeiträge und Werbung. DMX-Decoder in ADR-Geräten sind heute ohne Wert.

Obwohl ADR hervorragende klangliche Eigenschaften besitzt, ist es auf Astra 19,2° Ost beschränkt geblieben. Betrachtet man das über 84 Kanäle verfügende und immer noch wachsende Programmangebot, stellt man schnell fest, dass die Grenzen des deutschen Sprachraumes nicht überschritten wurden. Tatsächlich sind beinahe alle deutschen öffentlich-rechtlichen Radios und eine nicht zu unterschätzende Zahl deutscher Privatsender auf die ADR-Plattform gesprungen. Daneben hat auch der öffentliche schweizerische Rundfunk beinahe alle seine Programme, z. T. lediglich in Mono, aufgeschaltet. So ist es letztendlich den Schweizern zu verdanken, wenn einige wenige Programme in Italienisch bzw. Französisch ausgestrahlt werden. Nicht zuletzt sind auch die Auslandsdienste der Schweiz, Österreichs und Deutschlands via ADR präsent.

Die große Zukunft ist ADR nicht beschert. Das Verfahren wird aber wohl solange überleben, wie es noch analoges Fernsehen auf Astra gibt. Zwar besteht grundsätzlich die Möglichkeit, ADR auch ohne TV-Signal auf einem Transponder zu übertragen, die Geräte würden damit zurechtkommen. In Zeiten der Digitaltechnik scheinen aber die maximal möglichen 48 Stereoprogramme zu wenig zu sein. Der Kauf eines ADR-Receivers lohnt sich dennoch. Kein anderes Radiosystem bietet so viele deutsche Sender – und das in Topqualität.

11.3 Digital Satellite Radio (DSR)

Digitales Satellitenradio gibt es im deutschen Sprachraum schon seit 1989. Wieder fiel der Startschuss für das erste und bis auf zeitweilige regionale Ausnahmen einzige DSR-Paket auf der Berliner Funkausstellung. Unübertroffen ist auch heute noch dessen Klangqualität. Es wurde kein Kompressionsverfahren verwen-

DSR-Empfänger sind heute zu nichts mehr zu gebrauchen. Die Übertragungen endeten zu Beginn des Jahres 1999. Was bleibt, sind Erinnerungen an ein unerreichtes Klangerlebnis.

det. Um diese Qualität auch zu nutzen, wurden zunächst seitens der ARD bevorzugt Klassik- und Kulturprogramme aufgeschaltet, und es bildete sich eine elitäre, aber für das Überleben des Digitalen Satellitenradios zu kleine Hörergemeinde. Medienpolitische Blockaden und fehlende Propagierung des Verfahrens durch den Betreiber auf der einen Seite und hohe Kosten für Programmveranstalter und Endgerätekäufer auf der anderen verhinderten eine breite Akzeptanz. Die auf einem Transponder möglichen 16 DSR-Programme wurden aufgrund eines Medienstaatsvertrag, der die Vergaberechte der Programmplätze auf die einzelnen Bundesländer aufschlüsselte und dabei auch den Privatrundfunk mit berücksichtigte, zugesprochen.

DSR wurde zuerst über den deutschen Direktempfangssatelliten TV-Sat 2 auf 19° West übertragen. Neben einem eigenen Receiver wurde eine sehr kleine Satellitenantenne benötigt. Mitunter reichten schon 20-cm-Schüsseln. Nachdem 1995 TV Sat 2 aufgegeben wurde, fand DSR ein neues Zuhause auf Kopernikus 23,5° Ost. Dies bedeutete den Erwerb einer größeren Antenne und eines neuen LNCs. Das Aufkommen von ADR machte dem System weiter zu schaffen. Sein Leben endete am 15. Januar 1999. Doch halt, nicht ganz! Zumindest in der Schweiz wird DSR noch im Kabel für die Verbreitung von 15 Programmen eingesetzt.

11.4 Digitales Radio nach dem DVB-Standard

Stand der Technik sind Rundfunkübertragungen nach dem DVB-Standard MPEG2. DVB bedeutet Digital Video Broadcasting. Auf einem für Digitalfernsehen genutzten Transponder finden nicht nur bis acht TV-Sender Platz, sondern auch noch mehrere Hörfunkprogramme. Die Übertragungskosten sinken dadurch beträchtlich, und auch kleinere Stationen können es sich leisten, ihre Programme über Satellit einer breiten Öffentlichkeit zugänglich zu machen. Während die Zahl der analogen Radios langsam, aber sicher schrumpft, springen immer mehr bekannte und neue Sender auf den digitalen Zug auf. So sind schon jetzt auf Astra 19,2° Ost 120 unverschlüsselte Digitalradios zu empfangen. Etwas mehr als ein Fünftel davon senden in Deutsch. Im Gegensatz zu ADR sind aber beinahe ausschließlich öffentlich-rechtliche Sender zu hören.

Wie bei Digitalempfängern allgemein üblich, brauchen die einzelnen Stationen nicht mühsam programmiert werden. Der automatische Sendersuchlauf legt alle gefundenen TV- und Radiosender fein sortiert in dafür bestimmten Programmlisten ab. Die meisten Stationen sind unter ihrer Kennung zu finden. Einige Stationen aus Frankreich und Spanien sind aber nur mit einem Trick zu empfangen. So werden etwa die in den drei französischen „Les Radios"-Paketen zusammengefassten Sender nicht einzeln aufgelistet. Der Receiver liest z. B. nur „Les Radios 1" ein. Wählt man diese Station, ist auch wirklich ein Radioprogramm zu hören. Was aber viele nicht wissen: In diesen Paketen laufen die verschiedenen Rundfunkprogramme unter einer gemeinsamen Kennung auf verschiedenen Audiospuren. Die meisten Digitalempfänger besitzen auf ihrer Fernbedienung eine Taste, mit der bei den Fernsehsendern verschiedene Sprachversionen gewählt werden können (vorausgesetzt, dieser Service wird vom Sender angeboten). Betätigt man diese bei einem „Les Radios"-Sender, werden bis zu 18 Audiospuren angezeigt. Entweder unter der schlichten Bezeichnung „Track 1 bis 18" oder, wenn man Glück hat, mit Stationsnamen. Mittels Channel-up/down-Tasten wird ein Kanal ausgesucht und durch Drücken der Enter- oder OK-Taste aktiviert. Nicht alle Digitalempfänger sind in der Lage, alle Audiospuren anzuzeigen. Einige Geräte ermöglichen es, aus dem Vollen zu schöpfen, andere wiederum begnügen sich mit der Darstellung der ersten sieben oder gar nur vier Tonspuren. Am meisten enttäuscht die d-box2, sie bietet dieses Feature überhaupt nicht. Während Digitalfernsehen eine etwas bessere Bildqualität als Analogradio beschert, ist der Ton beim Digitalradio über Satellit oft nicht besser als beim Analogradio. Schuld daran ist die mangelnde technische Ausrüstung verschiedener Programm-

veranstalter. Zumindest bei den europäischen Sendern darf man aber von optimaler Audioqualität ausgehen. Wie viele Radioprogramme auf einem Transponder Platz finden, demonstriert eindrucksvoll der Pay-Radioanbieter Xtra-Music. Neben vier Fernsehprogrammen werden nicht weniger als 84 Spartenprogramme abgestrahlt. Xtra-Music hat seine Signale in Cryptoworks verschlüsselt, ein Codierverfahren, welches auch bei TV-Sendern Anwendung findet. Will man dieses in erster Linie für Geschäftskunden gedachte und sehr teure Paket abonnieren, benötigt man einen Common-Interface-Receiver. Er besitzt mindestens eine der aus der Computerwelt bekannten PCMCIA-Schnittstellen. Je nach Wunsch kann hier ein extra zu erwerbendes Decodiermodul angeschlossen werden, und dem Vertragsabschluss mit Xtra-Music steht nichts mehr im Wege. Bevor man aber etwa 50 Euro für ein Radiopaket hinblättert, sollte man wissen, welche Spartenprogramme man bevorzugt nutzen möchte. Immerhin bieten viele Pay-TV-Pakete, so auch Premiere World, derartige Spartenradios, allerdings von anderen Anbietern. Bis zu etwa 20 Programme, oder besser gesagt Musikformate, finden auch auf diesem Weg in unsere guten Stuben. Da jedoch auch hier nicht ohne Verschlüsselung gearbeitet wird, kommt man um ein Pay-TV-Abo nicht herum. Es ist aber zu bedenken, dass man hier für wesentlich weniger Geld zwar ein kleineres Radioangebot präsentiert bekommt, aber zusammen mit hochwertigen Fernsehprogrammen. Und es gibt noch eine Möglichkeit, Radioprogramme zu empfangen: WorldSpace – das Satellitensystem, das mit dem auf 21° Ost positionierten AfriStar-Satelliten nicht nur den schwarzen Kontinent mit Rundfunk- und Datendiensten versorgt, sondern große Gebiete Europas.

11.5 WorldSpace

Auch für WorldSpace benötigt man spezielles Empfangs-Equipment. Diese Radios erinnern allerdings an klassische Kofferradios. Einigen Modellen wurde auch ein UKW-, Mittelwel-

WorldSpace-Receiver und jede Menge Antennen. Die großen Yagis benötigt man nur, wenn man in unseren Breiten auch den Ostafrika-Beam empfangen will.

len- und Kurzwellen-Empfangsteil mit auf dem Weg gegeben. Da der im 1,5-GHz-Bereich sendende AfriStar mit sehr leistungsstarken Transpondern ausgestattet ist, genügt zum Empfang eine etwa 10 × 10 cm kleine Flachantenne. Optional werden aber auch Yagi-Antennen angeboten. Da AfriStar nur Radioprogramme aus bzw. für Afrika überträgt, liegt dieser Satellit nicht gerade im Brennpunkt unseres Interesses. Einigen mag es aber Freude bereiten, das nationale Radioprogramm aus Kenia, KBC Nairobi, oder Stationen aus dem Benin, Senegal, Südafrika usw. zu hören. WorldSpace hat aber auch einige Spartenprogramme an Bord: Klassik, Pop, Rock und Jazz sind nur einige dieser frei empfangbaren Stationen. Größter Beliebtheit erfreut sich in unseren Breiten wohl der Country-Sender auf AfriStar. Immerhin ist das der einzige Sender dieser Art, der (auch) in Europa gehört werden kann.

11.6 Vergleich der Systeme

Während WorldSpace nur etwas für Freaks ist, buhlen immerhin drei verschiedene Radio-Übertragungsverfahren um die Gunst der anderen Zuhörer. Jedes dieser drei Systeme – analoge Übertragung, ADR und Digitalradio nach DVB-Standard – hat Vor- und Nachteile.

Auch deutsches Radio gibt es schon über Afri Star.

Fakt ist: Analoger Rundfunk über Satellit hat seine Blütezeit längst hinter sich. Immer mehr Anstalten trennen sich von ihren analogen Übertragungskapazitäten und wechseln meist zu DVB. Die Tatsache, dass es sich bei der analogen Übertragung um die qualitativ minderwertigste handelt, spielt eine untergeordnete Rolle. Vielmehr fällt der Kostenreduktionsfaktor ins Gewicht. Der Vorteil des Analogradios ist die einfache Empfangbarkeit mit jedem Analogreceiver. Der Nachteil: Es werden immer mehr Sender abgeschaltet. Astra Digital Radio bietet beinahe CD-Qualität und ist, was das deutschsprachige Programmangebot betrifft, unübertroffen. Aber darin liegt auch der große Nachteil.

Da sich das System im Ausland nicht etablieren konnte, wird man sich seitens Astra wahrscheinlich leicht davon trennen können. Trotzdem muss man nicht seinem für den Kauf eines ADR-Gerätes ausgegebenen Geldes nachtrauern. Es werden immer noch neue Programme aufgeschaltet, und es wird ADR mindestens solange geben, wie es analoges deutschsprachiges Fernsehen über Astra gibt. Die größten Zukunftschancen sind aber den nach DVB-Standard arbeitenden Digitalradios beschert. Sie können mit jedem handelsüblichen Digital-Receiver gehört werden und bieten ausgezeichnete Klangeigenschaften. Schon heute ist das uncodierte Angebot digitaler Radiosender beinahe so groß wie das der analogen und ADR-Sender zusammen.

Welches Radiosystem man favorisiert, hängt aber auch von den gewünschten Programmen ab. Während viele Programme zwei oder sogar alle drei Übertragungsmodi einsetzen, gibt es doch mehr als genug Stationen, die nur nach einem Verfahren zur Ausstrahlung gelangen. Gut, ADR bietet fast alle öffentlich-rechtlichen deutschen Sender. Einige von ihnen gibt es auch analog oder digital. Will man aber schweizerisches Radio hören, führt kein

WorldSpace-Empfänger von Hitachi

Weg an ADR vorbei. Will man das komplette Radioangebot des österreichischen Rundfunks, kommt nur ein Digitalempfänger in Frage. Genügen gelegentlich einige deutsche oder auch ausländische Kanäle, wählt man einfach Analogradio.

12. Digitalempfang: „Grundlagenforschung"

Digitalfernsehen will ich nicht, brauch ich nicht! So eine weit verbreitete Meinung. Viele Mitbürger wissen mit dem Begriff Digitalfernsehen nicht viel anzufangen und setzen ihn oft mit Pay-TV gleich. Dem sollte abgeholfen werden, denn allein auf Astra werden mehr frei empfangbare digitale als analoge Programme übertragen.

12.1 Welche Vorteile?

Die umfassende Einführung des Digitalfernsehen ist beschlossene Sache. Der wohl augenscheinlichste Grund dafür sind die geringen Übertragungskosten. Dank Datenkompression finden auf einem herkömmlichen Transponder statt eines analogen Programms im Durchschnitt acht digitale Sender Platz. So reduzieren sich nicht nur die Kosten bei den großen Sendeanstalten drastisch, sondern auch kleine Anbietern mit magerem Budget können überhaupt erst auf einen Satelliten gehen.

Doch auch der Kunde profitiert. Natürlich braucht er einen neuen Receiver. Das ist jedoch meist der einzige Nachteil. Doch nun kann er – ohne verschlüsselte Programme zu berücksichtigen – mehr deutschsprachige Sender sehen, als er analog zur Verfügung hatte. So bieten u. a. ARD und ZDF eine Reihe von Zusatzkanälen an, die ausschließlich digital zur Verfügung stehen. ARD Festival beispielsweise bestreitet sein Programm aus dem Fundus des großen ARD-Archivs und zeigt neue, aber auch ältere deutsche Produktionen aller Sparten.

Digitalempfang bringt vor allem mehr Programme. TV NRW gibt es z. B. nur digital. Zu sehen auf Eutelsat Hotbird.

TW1, der Tourismus- und Wetterkanal des österreichischen Rundfunks, ist vor allem bei Bergfreunden beliebt und dient vielfach dazu, Ausflüge ins Gebirge zu planen.

Digital-TV bringt ein Mehr an Sendezeit.
Arte sendet digital schon ab 14:00 Uhr,
also fünf Stunden länger als analog.

Das Deutsche-Welle-Auslandsfernsehen
wird in Deutsch und Englisch produziert.
Es kann weltweit empfangen werden, auch
auf Astra.

**Digital-TV bringt auch für Kleinsender, wie
etwa K-TV (Kulturfernsehen), einem beach-
tenswerten österreichischen Privatsender,
große Vorteile. Eine analoge Abstrahlung
über Satellit wäre für ihn zu teuer, digital
ist es aber machbar. K-TV sendet auf 13°
Ost.**

ARD MuXX bringt im Wesentlichen das ARD-
Hauptprogramm, allerdings ist die Reihenfol-
ge der ausgestrahlten Sendungen unterschiedlich. Wem nach vertiefenden Nachrichten und
Informationen gelüstet, der ist bei ARD Extra
gut aufgehoben. Hier präsentiert man nicht nur
Wiederholungen von Tagesschau und Tagest-
hemen, sondern legt auch besonderen Wert auf
vertiefende Informationen zu aktuellen Tages-
ereignissen. Nicht zuletzt senden die dritten
Programme – SWR3 Saarland und aus Berlin
B1 – digital 24 Stunden über Satellit. Analog
ist B1 erst ab 18:00 Uhr zu sehen. Auch das
ZDF steht mit seinen digitalen Bonuskanälen
nicht zurück. Auf ZDF Info wird man mit
nützlichen Tipps in allen Lebenslagen versorgt
– eine Art Konsumenten-Informationspro-
gramm. Hochwertige Dokumentationen bringt
ZDF Doku, und Freunde der Kunst werden im
ZDF Theaterkanal bestens bedient. Während
Info- und Dokumentationskanal 24 Stunden
on air sind, gibt es Theater nur von 9:00 bis
14:00 und 19:00 bis 24:00 Uhr. Erwähnens-
wert ist auch arte. Digital beginnt hier das
Programm schon um 14:00 Uhr, also fünf Stunden früher als analog. Im ZDF-Digitalpaket
finden sich aber auch Fremdprogramme. Neben dem allseits bekannten Eurosport ist der
paneuropäische Nachrichtensender Euronews
vertreten. Österreich steuert mit seinem Tou-
rismus- und Wetterkanal TW1 auch ein klein
wenig zur deutschen Programmvielfalt bei. Pro7
und Kabel 1 übertragen ihre österreichischen
und schweizerischen Programmversionen
ebenfalls über Astra. Nebenbei sind beinahe
alle deutschen Sender, die analog auf Astra

Der alte Mehrteilnehmer-LNC, erkennbar an den zwei Anschlüssen, muss gegen ein LNC mit vier Buchsen ausgetauscht werden.

Ältere Antennen haben 23-mm-Montageschellen für den Konverter. Moderne LNCs (40 mm) können mit einem Adapter oder als Umrüstsatz dennoch benutzt werden.

Die Montage der neuen LNC-Aufnahmeschelle gestaltet sich sehr einfach.

präsent sind, auch digital vertreten. Nicht zuletzt kann man digital auch eine Reihe ausländischer Sender empfangen. So tönt es auf ca. 40 Kanälen englisch, französisch, italienisch, spanisch, ja sogar arabisch.

Das Schöne am Digitalfernsehen: Die Programmvielfalt steigt. Doch auch im Radiosektor hat die Digitaltechnik einiges zu bieten. Die 35 Radiosender aus Deutschland und Österreich machen nur einen Bruchteil dessen aus, was zu hören ist. Hier gilt es einfach, auf große Entdeckungsreise zu gehen und sich sogar mit afrikanischen Klängen verwöhnen zu lassen.

12.2 Die Umrüstung

Mit der altbewährten Satellitenanlage bleibt diese Programmwelt außen vor. Man muss sie erweitern. Dies mag auf den ersten Blick dennoch wenig erstrebenswert erscheinen, weil ja der Analogempfänger noch prima funktioniert und einige kleinere deutsche Sender, wie B.TV, RTL Shop und SWR3 Rheinland-Pfalz, nur analog zu sehen sind. Das Konzept heißt also „digitale Erweiterung".

Die erste Frage: Ist der im Spiegel montierte LNC auch wirklich digitaltauglich? Meist genügt ein Blick auf sein Typenschild. Um Astra auch digital empfangen zu können, muss er für den Frequenzbereich 10.700 bis 12.750 MHz ausgelegt sein. Bei einer Einzelanlage lässt sich der Austausch des LNCs problemlos bewerkstelligen. Komplizierter wird es bei Mehrteilnehmer-Anlagen. Analoge Mehrteilnehmer-Konverter haben zwei Ausgänge, je einen für Horizontal und Vertikal. Ist das Teil digitaltauglich, weist es vier Ausgänge auf. Es muss also ein neuer LNC her, und es müssen zwei weitere Kabel zum Multischalter verlegt werden. Das lässt zwar das Konto stöhnen, aber es ist eine Investition für die Zukunft.

12.3 Welcher Empfänger?

Man unterscheidet grundsätzlich zwischen Empfängern für lediglich unverschlüsselte Programme und Receivern, die noch verschlüsselte Programme decodieren können. Erste nennt

man Free-to-Air-Empfänger. Sie sind am unteren Ende der Preisskala angesiedelt. Möchte man auch Pay-TV oder aus urheberrechtlichen Gründen verschlüsselte Programme empfangen, ist man mit einem anderen Gerätetyp gut bedient. Er besitzt mindestens ein Common Interface (CI) – das ist eine PCMCIA-Schnittstellen, die, in einem Schacht versteckt, Decodiermodule aufnimmt. Diese muss man nicht nutzen, doch beruhigt es, wenn diese Möglichkeit besteht. Mit einem CI-Receiver und einem Decodiermodul ist es aber noch nicht getan. Ohne Decodierkarte geht gar nichts. Bei einigen international abonnierbaren Stationen, wie etwa das schwedische oder finnische Auslandsfernsehen, kann die Karte beim Programmbetreiber geordert werden. Dies wird auch vom staatlichen schweizerischen Fernsehen und dem österreichischen ORF praktiziert. Allerdings werden hier, da aus urheberrechtlichen Gründen verschlüsselt wird, die begehrten Kärtchen nur an Rundfunkgebühren zahlende Schweizer bzw. Österreicher abgegeben. Der deutsche Pay-TV-Veranstalter Premiere World hat lange Zeit keine Karten ohne dazugehörige d-box ausgegeben. Man wollte sicherstellen, dass dem Kunden alle von Premiere angebotenen Zusatzdienste auch wirklich zur Verfügung stehen. Doch die eigene Bedienungsoberfläche war leider in seiner Funktionalität eher dazu geeignet, einen Familienstreit heraufzubeschwören als unkompliziert fernzusehen. Nun, inzwischen hat sich diese Situation entspannt; einiges ist aber zum Zeitpunkt des Erscheinens dieses Buches noch im Fluss, sodass man im Fachhandel nachfragen sollte. Jedenfalls scheint die dritte mögliche Digitalempfängertype, nämlich jene, die ein Modul fix integriert hat und von einem Pay-TV-Sender exklusiv zum Empfang des eigenen Pakets vertrieben wird, eher auf dem Rückzug als auf dem Vormarsch. Weiter werden auch Kombi-Receiver für analoge und digitale Signale angeboten. Die Ausstattungsmerkmale reichen vom zusätzlich integrierten Positioner zur Steuerung einer Drehanlage bis zu eingebauten Decodern.

12.4 Anschlussvarianten

Wie integriert man einen Digitalempfänger in eine bestehende analoge Anlage? Setzen wir einmal voraus, LNC und Multischalter seien digitaltauglich. Natürlich muss beiden Receivern das Satellitensignal zugeführt werden. Viele Digitalgeräte bieten hier eine Durchschleifmöglichkeit zu einem Analog-Receiver. In diesem Falle ist lediglich das Sat-Kabel vom Analoggerät abzuschrauben und an den Sat-Eingang des Digitalos anzuschließen. Nun muss noch die Verbindung von dessen Sat-Signal-Ausgangsbuchse zum Analoggerät hergestellt werden. Ein konfektioniertes Kabel ist dem Digitalgerät entweder beigepackt oder kann vom Fachhandel bezogen werden. Das Digitalgerät fungiert nun als Haupt-Receiver, auf Neudeutsch Master. Analoges Satellitenfernsehen ist nur dann möglich, wenn der Digitalempfänger abgeschaltet ist.

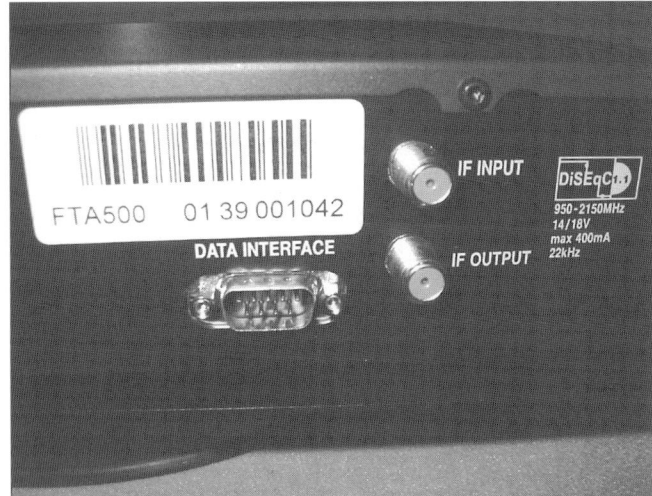

Signaldurchschleif-Möglichkeit für einen Analogempfänger.

An der Sat-ZF-Ausgangsbuchse des Digitalempfängers kann ein Analoggerät angeschlossen werden.

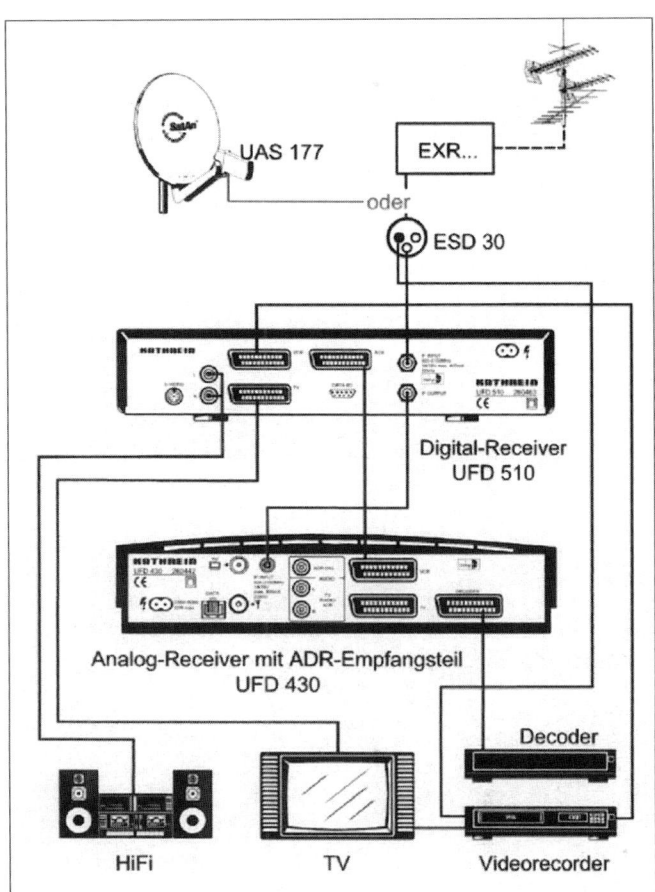

Wenn der Digitalempfänger einen Ausgang für den Anschluss eines Analogempfängers hat, ist die Verkabelung ein reines Kinderspiel.

12.5 Analog und digital

Bietet der Digital-Receiver keine Durchschleifmöglichkeit, muss ein manuell zu betätigender Antennensignal-Umschalter, wie er z. B. Videospielen der Steinzeitgeneration beigepackt war, eingesetzt werden.

Eine weitere, wenn auch noch umständliche Möglichkeit wäre, in der Satellitensignal-Zuführung einen Zweifachverteiler zu schalten. In diesem Falle würde an beiden Empfängern das vom LNC angebotene Signal – allerdings vermindert – zur Verfügung stehen. Doch halt! Über das Satellitenkabel werden ja auch Schaltsignale zum Konverter bzw. Multischalter übertragen. Wenn also an einer Zuleitung zwei Geräte angeschlossen werden, würde es zwangsweise zu Konflikten kommen – es sei denn, man überlässt einem Satellitenempfänger die gesamte Steuerung und betreibt den zweiten als Sklaven. Dazu bedarf es des Studiums der Gebrauchsanleitungen. Soll das analoge Gerät der Haupt-Receiver bleiben, muss am Digitalempfänger das Auftreten der 14/18-V-Speisespannung und des 22-kHz-Signals unterbunden werden. Dazu sind einige Einstellungen im Installationsmenü vorzunehmen. Die LNC-Speisespannung wird sich bei Digitalgeräten nur selten mittels Software-Steuerung abschalten lassen. Auch kein Problem. Man bedient sich eines DC-Blockers. Wie schon der Name sagt, sperrt dieses kleine zylindrische Gebilde mit einem F-Stecker und

Und so wird's gemacht!
Satellitendoktor Moritz
zeigt, wie alle Kabel richtig
angeschlossen werden.

Da bei den meisten Digitalempfängern die LNC-Span-
nungsversorgung nicht
deaktiviert werden kann,
muss ein sogenannter DC-
Blocker verwendet werden.
Nur so kann man gegen-
seitigen Beeinflussungen
zweier Satellitenempfänger
vorbeugen.

einer F-Buchse die vom Empfänger kommenden Spannungen und lässt nur das Satellitensignal ungehindert passieren. Es wird einfach
auf die Sat-Eingangsbuchse des Receivers ge-
steckt.

Schwieriger ist das Unterbinden des 22-
kHz-Signals. Beim heute als Standard geltenden Universal-LNC wird es beim Empfang
des oberen Ku-Bands automatisch ständig ge-
sendet. Im Einstellmenü wird mitunter danach
gefragt, wie man zwischen unterem und obe-
rem Ku-Band umschalten möchte. Neben dem
22-kHz-Signal steht für Quattroband-LNCs
(Konverter ohne integrierte Polarisationsum-

schaltung) die 14/18-V-Steuerung zur Verfügung. Optimal für unsere Fälle. Es ist aber
darauf zu achten, dass die LO-Frequenz unabhängig davon einzustellen ist. Immerhin arbeiten Quattroband-Konverter im oberen Band
mit 10,75 statt 10,6 GHz. Sollte man auch so
nicht weiter kommen, kann man zwischen Digitalempfänger und Verteiler ein 22-kHz-Re-
lais schalten.

Normalerweise werden diese Relais bei
Drehsystemen eingesetzt, um zwischen C- und
Ku-Band-LNC wählen zu können. Bei unserem Beispiel fungiert das Relais lediglich als
„22-kHz-Signalvernichter". Um aber auch mit

Muss auch das 22-kHz-Signal unterbunden werden, ist in die Antennenzuführung des Digitalempfängers ein 22-kHz-Relais, das hier ausschließlich als „Schaltsignalvernichter" fungiert, einzufügen.

dem Digital-Receiver beide Ku-Bänder empfangen zu können, ist es nun unumgänglich, statt eines Zweifachverteilers einen Vierfachverteiler einzusetzen und beide Ausgänge des 22-kHz-Relais damit zu verbinden. Trotz der grundsätzlichen Funktionalität dieses Aufbaus muss dringend darauf hingewiesen werden, dass es sich hier lediglich um eine Notlösung handelt. Nicht zuletzt, weil sowohl der Vierfachverteiler als auch das 22-kHz-Relais beachtliche Verluste mit sich bringen und es somit bei knapp bemessenen Anlagen zu Empfangsproblemen kommen kann. Das Analoggerät ist allerdings davon im Wesentlichen nicht betroffen. Da der Digital-Receiver lediglich als Zusatzgerät betrieben wird, sind auch einige Regeln beim Programmieren und täglichem Betrieb zu beachten. Will man digital fernsehen, muss auch der Analogempfänger eingeschaltet sein. Immerhin steuert er sowohl den Frequenzbereich wie auch die Polarisation. Zweckmäßigerweise programmiert man am Analogempfänger auf den Programmplätzen 1 bis 4 je einen Kanal mit folgenden Parametern: unteres Ku-Band horizontal, unteres Ku-Band vertikal, oberes Ku-Band horizontal und oberes Ku-Band vertikal. Vor der Programmierung des Digitalgeräts ist der Analogempfänger auf das erste Programm zu schalten. Anschließend startet man den digitalen Frequenz-Scan. Es werden nur jene Kanäle eingelesen, die z. B. im oberen Ku-Band horizontal senden.

Um das gesamte Ku-Band abzuscannen, ist dieser Vorgang also viermal durchzuführen. Um den späteren täglichen Betrieb möglichst problemlos zu gestalten, sollte man notieren, welche Programme auf welchem Bereich empfangen werden (z.B.: 1-54 oben horizontal, 55 - 107 oben vertikal usw.).

12.6 Digitale Aussichten

Auch wenn die Aufrüstung auf Digitalempfang nicht zu unterschätzende Kosten bedeutet, so weiß man doch, eine Investition für die Zukunft getätigt zu haben. Obwohl es auf Astra 19,2°Ost derzeit, zumindest was die deutschen Programme betrifft, nicht so aussieht, ist die Gesamtzahl der analog übertragenen Kanäle in den letzten Jahren drastisch gesunken. Ein kleines Beispiel: Vor etwa vier Jahren konnte man auf allen Ku- und C-Band-Satelliten etwa 650 analoge und an die 100 digitale Sender empfangen.

Heute sind es etwa 500 analoge und über 3.000 digitale. Man sollte sich aber nicht nur von dieser Zahl beeindrucken lassen. Man bekommt letztendlich noch mehr: bessere Bild- und Tonqualität und interaktive Dienste. Die Zukunft ist digital – seien auch Sie mit dabei!

Auch Deutschland hat seinen eigenen Computer-TV-Kanal. NBC Giga sendet digital und unverschlüsselt von 13° Ost.

Das österreichische Fernsehen ist nur Österreichern vorbehalten. Den ORF gibt es, wenn auch nur verschlüsselt, über Astra.

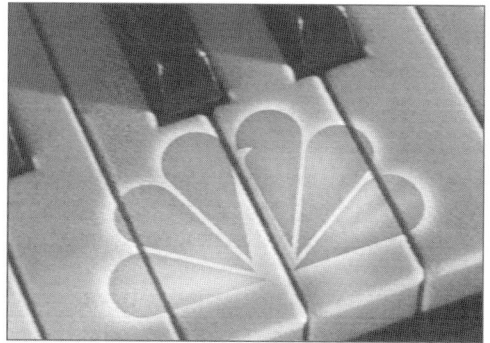

NBC-Logo auf NBC Giga

Pro7 Österreich sendet ebenfalls digital über Astra.

Digitalfernsehen bietet genügend Potenzial, größere Sender zu regionalisieren. So senden viele deutsche Privatsender eigene Versionen ihrer Programme für Österreich und die Schweiz. Im Bild Kabel 1 Österreich.

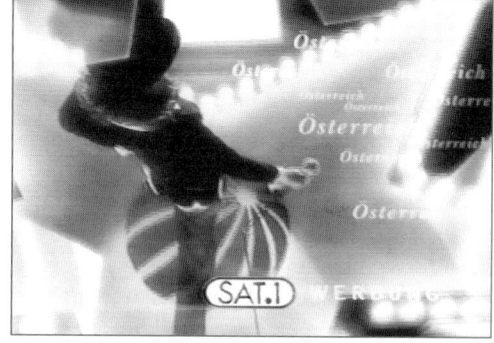

Sat1 Österreich. Während analoge Satellitenhaushalte mit dem deutschen Hauptprogramm vorlieb nehmen, gibt es in der Alpenrepublik im Kabel und wenn man will über Eutelsat Hotbird auch die Österreichversion.

sucht nicht nur alle Transponder nach empfangbaren Signalen ab, sondern sortiert sie oft auch nach Programmanbieter. Diesen Service wird man von den von Pay-TV-Veranstaltern vertriebenen bzw. empfohlenen Receivern kennen. So wird sichergestellt, dass alle Kanäle eines Pay-TV-Angebots auf den vorderen Programmplätzen landen. Damit das auch wirklich funktioniert, gibt es die NIT (Network Information Table), eine Tabelle im digitalen Datenstrom, die Informationen über die Programmpakete oder ganze Satellitenpositionen enthält.

Zusätzlich wird auf einem verschlüsselten Transponder ein eigener Datenstrom übertragen, der alle nötigen Informationen zur Entschlüsselung von Pay-TV-Programmen enthält. Auch dafür gibt es eine eigene Abkürzung: CAT (Conditional Access Table).

Nur wer exotische Sender empfangen will, wird sich fragen, welche Codes wirklich gebraucht werden und vor allem, wie man sie bekommt. Noch vor wenigen Jahren stand man da vor einem echten Problem. Aber da die Bedienungsoberflächen unserer Satellitenempfänger immer besser geworden sind und über Satellit oder Internet jederzeit ein Update erfolgen kann, benötigt man heute zu 99 % nur Symbolrate und FEC, deren Werte jede Frequenztabelle enthält.

Es lohnt sich, ab und zu einen neuen automatischen Sendersuchlauf zu starten. Nur so kann man sicher sein, alle neuen Sender abgespeichert zu haben. Je nach den Optionen der Receiversoftware bleiben die Senderplätze der bisher eingespeicherten Programme erhalten, und neue Kanäle werden am Ende der Senderliste angereiht.

Die Bedienungsoberflächen scheinen zwischen den verschiedenen Digitalempfängern sehr unterschiedlich zu sein. Dank Vollbildgrafik meint man auf den ersten Blick wenig Gemeinsames zu erkennen. Dem ist aber nicht so. Sicher, mit der klassischen Menüführung eines Analogreceivers hat das nicht mehr viel zu tun. Eher drängt sich der Vergleich mit einem Computer auf. Genaugenommen ist ein Digitalempfänger auch nichts anderes. Nicht zuletzt entscheidet die Software, wie gut ein Gerät ist. Wie man mit minderwertiger Software Leute verärgern kann, davon können viele d-box-Besitzer wohl ein Lied singen. Trotz aller scheinbaren Unterschiede läuft die grundsätzliche Bedienung aller Digitalempfänger nach dem gleichen Schema ab. Sicher, einige Features mögen beim einen oder anderen Gerät fehlen, aber wer schon einmal mit einem Digital-Receiver gearbeitet hat, der wird auch mit anderen Geräten leichtes Spiel haben.

13.5 Abkürzungen

Aber auch am Receiver selbst wird man mit fremd klingenden Abkürzungen verwirrt. Da gibt es F.U.N. und Open TV, auch MHP wollen wir nicht vergessen. Sie beschreiben Bedienungsoberflächen mit medialen Zusatzdiensten, die dem Konsumenten nützlich sein sollen. Unter Open TV ist ein vom Pay-TV-Anbieter unabhängiges Betriebssystem, das in international verbreiteten Set-Top-Boxen (ein anderes Wort für Digitalempfänger) Anwendung findet. Zur allgemeinen Verwirrung trägt schließlich noch F.U.N. bei. Free Universe Network sieht Decoder mit offenen Schnittstellen in der Hard- und Software vor. Durch ein Steckkartensystem sollen für heutige und künftige Pay-TV-Anbieter individuelle Zugangsberechtigungen ermöglicht werden. Nicht zuletzt wurde auf der letzten Berliner Funkausstellung MHP (Multimedia Home Platform) angepriesen. Es stellt sich nur die Frage, ob dem Konsumenten wirklich danach ist, einfache Videospiele am Fernseher zu genießen oder ob er einen, salopp ausgedrückt, Teletext mit besserer Grafik braucht. Allein dass das Aufrufen dieser Dienste so zeitaufwendig ist, dass man fast einen Defekt am Gerät vermutet, stellt den Nutzen solcher Dienste, die derzeit noch in den Startlöchern stehen, gegenwärtig in Frage. Die Zukunft wird zeigen, was daraus wird. Mehr Sinn macht hingegen der elektronische Programmführer EPG (Electronic Program

Guide). Er gibt detaillierte Auskünfte über das laufende Programm und die folgenden Sendungen. Wie aufwendig der EPG ist, hängt von den Softwareentwicklern, aber auch von den Sendeanstalten ab. Nicht alle Stationen übertragen derartige programmbegleitenden Informationen.

13.6 Modellvarianten beim Digitalempfänger

Wir kennen grundsätzlich zwei Arten von Digitalempfängern: jene nur für den Empfang unverschlüsselter Kanäle und solche, die auch den Zugang zu codierten Programmen ermöglichen.

Free-to-Air-Geräte (FTA-Geräte) findet man im unteren Preissegment. Sie sind die typischen Einsteigermodelle. Bevor man sich für ein FTA-Gerät entscheidet, sollte man abwägen, ob nicht doch eines Tages der Wunsch nach verschlüsselten Sendungen entstehen könnte. Dabei sollte man nicht nur von der heutigen Situation ausgehen, sondern auch die sich ständig ändernde Fernsehlandschaft berücksichtigen. Man muss immer mit neuen oder in der Zukunft verschlüsselten Angeboten rechnen. Kommt man dann zu dem Schluss, codierte Sender nicht nutzen zu wollen, kann man auf ein FTA-Gerät zurückgreifen. In ihren technischen Merkmalen und Zusatzausstattungen sind diese Geräte teureren, flexibler einsetzbaren Receivern durchaus ebenbürtig.

Die zukunftssicherste Wahl ist ein CI-Receiver. CI steht für Common Interface. Diese Geräte sind mit mindestens einer PCMCIA-Schnittstelle ausgerüstet, die in einem Schacht verborgen ist. Will man codierte Programme empfangen, bedarf es nur noch eines Decodiermoduls und einer Decodierkarte. Man ahnt es schon, es gibt mehrere Verschlüsselungssysteme. In Deutschland findet Betacrypt, eine Abwandlung des Irdeto-Verschlüsselungssystems, Anwendung. Nach der gleichen Norm hat auch das österreichische Fernsehen seine Programme verschlüsselt. In der Schweiz kommt, zumindest was die SRG betrifft, Viac-

cess zur Anwendung. Zumindest im französischsprachigen Teil, wo auch französisches Pay-TV abonniert werden kann, stößt zusätzlich das Seca-Verschlüsselungssystem auf Interesse. Aber auch Cryptoworks soll man nicht ganz unerwähnt lassen. Immerhin sichert der Pay-Radioanbieter Xtra Music seine Signale nach diesem System vor unberechtigtem Zugriff. Auch wenn ein CI-Receiver die grenzenlose Fernsehfreiheit suggeriert, mag man schnell auf unangenehme Tatsachen stoßen.

So sieht er aus, der Echostar AD 3600 IP. Für analogen und digitalen Betrieb an Drehanlagen gehört er mit zur ersten Wahl.

Der Pocketsat 9500 von Praxis ist aufgrund seiner geringen Abmessungen als Campingreceiver sehr gut geeignet.

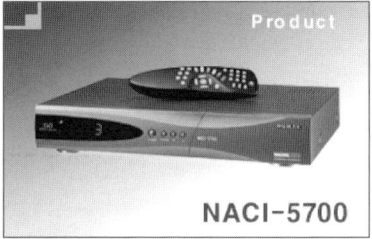

Humax-Digitalempfänger genießen in Fachkreisen einen sehr guten Ruf. Im Bild der NACI 5700.

Die Rede ist von den Decodiermodulen. Sicher, verschiedene exotische Module bekommt man für verhältnismäßig wenig Geld. Wenn es aber darum geht, codierte deutsche Sender zu sehen, wird man schnell feststellen, dass es keine Betacrypt-Module zu kaufen gibt. Zwar gibt es auch Irdeto-, Allcam- und Alphacrypt-Module, aber ein bestimmter Herr, seines Zeichens Medienmogul und Betreiber von Premiere World setzte einst alles daran, den Handel mit diesen begehrten Teilen nach allen Regeln der Kunst zu erschweren. Diese Situation begann sich aber zum Zeitpunkt der Manuskriptabfassung für dieses Buch zu entspannen. Man sollte sich in einer aktuellen Fachzeitschrift, wie „Satellit", oder im qualifizierten Fachhandel über die augenblickliche Lage informieren.

Neben den CI-Empfängern kann man auch Receiver mit fest eingebautem Decodiermodul kaufen. Das bekannteste Beispiel ist die d-box. Aber auch andere Firmen haben ihren Empfängern ein Decodiersystem, meist ist es Viac-cess, fix eingebaut. Zusätzlich sind aber diese Geräte auch mit PCMCIA-Steckplätzen ausgerüstet, um für eine liberalere Zukunft vorbereitet zu sein. Weiter gibt es noch die verschiedensten Kombigeräte, sei es als Analog/Digital-Empfänger, mit integriertem Positionierer, oder – was wohl der letzte Schrei ist – mit eingebautem Festplatten-Videorekorder.

Wichtig ist aber vor allem eines: Vor dem Kauf sollte man sich gut überlegen, welche Anforderungen man an einen Digitalempfänger stellt. Ist man in der Lage, diese Wünsche dem Verkäufer mitzuteilen, kann man eigentlich nur noch das richtige Gerät in die Hand gedrückt bekommen. Es kann auch nicht schaden, sich die Bedienung des Receivers vom Fachhändler erklären zu lassen, oder noch besser, selber zu probieren, wie man mit der Bedienung klar kommt. Graue Haare braucht man sich jedenfalls nicht wachsen zu lassen. Die Geräte sind immerhin so komfortabel, dass man auch hier so gut wie immer ohne Studieren der Gebrauchsanweisung auskommt.

14. Die Welt der Digital-Receiver

Digital-Receiver gibt es wie Sand am Meer, und man möchte den Eindruck gewinnen, das Angebot wird beinahe von Tag zu Tag umfangreicher.

Worauf gilt es also zu achten, wenn man sich einen Digitalempfänger kaufen möchte?

Zuerst sollte man sich Gedanken machen, was man damit überhaupt anfangen will. Fernsehen, sicher, das wird in den meisten Fällen als Antwort gegeben werden. Aber *was* möchte man sehen? Frei empfangbar sind beinahe alle kommerziellen deutschen Stationen. Dennoch sollte man sich zumindest unter dem Aspekt „Grundverschlüsselung" mit verschlüsselten Programmen beschäftigen.

14.1 FTA-Receiver

Alles in allem stehen derzeit auf Astra an die 40 deutsche Fernsehsender im digitalen Modus zur Wahl. Auch auf anderen Positionen kann man Hunderte unverschlüsselte Sender aus aller Welt empfangen. Reicht das, ist man mit einem FTA-Empfänger gut bedient.

Nur gut bedient? Warum nicht bestens? So wird sich manch einer fragen. Die Antwort ist schnell gegeben. Man weiß nie, wie sich die Fernsehlandschaft mittelfristig ändern wird. Fernsehen hat sich in den letzten Jahren vom lokalen zum internationalen Medium entwickelt. Denken wir 15 Jahre zurück! Wie viele Programme konnte man ohne Kabelfernsehen empfangen? Als Österreicher hat man da schon oft wehmütig in den TV-Zeitschriften die Pro-

grammspalten der deutschen Sender betrachtet. Drei Kanäle ... Wahnsinn! Mit zwei österreichischen Programmen waren der freien Wahl natürlich Grenzen gesetzt. Sicher, man hatte auch eine sehr große Antennenanlage auf dem Dach, mit der es immerhin möglich war, zumindest die ARD vom nächstgelegenen, rund 170 km entfernten deutschen Sender mehr schlecht als recht zu empfangen. Und wie ist es heute?

Aus zwei deutschsprachigen Kanälen sind über 40 geworden. Aus einem ausländischen Sender sind fast unzählig viele geworden. Wer hätte sich das damals je träumen lassen? Und was benötigt man dazu? Im Prinzip fast gar nichts, lediglich eine digitale Satellitenanlage ab etwa 250 Euro.

Doch Fernsehsender brauchen Programme, also Serien, Spielfilme, Sportübertragungen usw. Ein Sender muss für alle nicht selbst produzierten Sendungen sogenannte Übertragungsrechte erwerben. Damit ein Rechteinhaber, z. B. eine Hollywood-Filmfirma, einen Film möglichst oft verkaufen kann, ist es nur in ihrem Interesse, wenn ein Fernsehsender nur lokal zu empfangen ist. Besonders drastisch tritt dies bei großen Sportereignissen zu Tage. Immerhin können nicht nur wir Fußball via ARD und ZDF empfangen, sondern auch der Beduine im Wüstenzelt in der Sahara. Dank Eutelsat-Abstrahlung benötigen auch Araber kaum eine größere Empfangsanlage als wir. Bei Sportereignissen ist auch die Sendespra-

Der Katelco FTA 500, ein von Kathrein vertriebener Digitalempfänger, ist ein einfacher Free-to-Air-Empfänger.

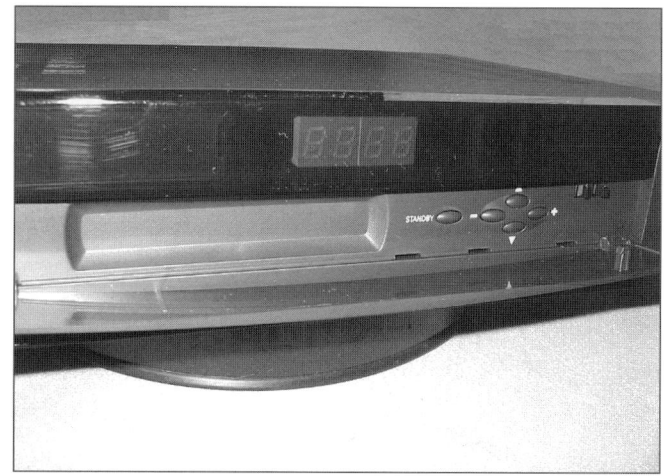

Öffnet man die Frontklappe, sieht man dass hier keine Decodiermodule eingesetzt werden können.

che sekundär. Dem Spielverlauf kann man auch so folgen. Dieser Tatsache Folge leistend, leuchtet es ein, dass andere TV-Stationen mitunter weniger bis kein Interesse mehr zeigen, dieses Event ebenfalls übertragen zu wollen. Dass dies gegen die Interessen des Rechteinhabers ist, leuchtet jedem ein. Welche Mittel bieten sich aber dem Rechteinhaber, um doch zu seinem Geld zu kommen? Gedenkt ein Sender, ein Programm über Satellit für jedermann zugänglich auszustrahlen, könnte es sein, dass er für die Rechte astronomische Summen auf den Tisch zu blättern hat, oder er codiert sein Programm und stellt sicher, dass nur Zuseher im Zielgebiet Nutznießer sein können. Grundverschlüsselung nennt man so etwas. Diese Grundverschlüsselung gibt es schon jetzt. Nicht nur die nationalen Fernsehanstalten aus der Schweiz und Österreich wurden gezwungen, ihre eigentlich frei empfangbaren Programme zu verschlüsseln, auch RTL codiert teilweise sein über Eutelsat abgestrahltes Signal wohl nicht ganz freiwillig. Zumindest bei Formel-1-Übertragungen fällt bei RTL auf 13° Ost der Vorhang.

Decodierkarten werden von RTL an Privathaushalte (noch) nicht ausgegeben. Nicht zuletzt dient die Hotbird-Abstrahlung vorwiegend der Signalzuführung für Kabel-TV-Anlagen. Der Privathaushalt empfängt RTL so gut wie immer über Astra auf 19,2° Ost. Da Astra eine eher beschränkte Ausleuchtzone hat, darf man hier weiterhin unverschlüsselt übertragen.

Tatsache ist: Das Interesse der Rechteinhaber ist mehr als groß, möglichst viele TV-Stationen verschlüsselt zu wissen. Auch wenn man nicht schwarz malen möchte und hofft, dass es nie soweit kommen wird, so muss doch damit gerechnet werden. Besitzt man einen FTA-Empfänger, heißt dies, ab dem Zeitpunkt der Codierung eines ansonsten freien Programms von diesem ausgeschlossen zu sein.

14.2 CI-Receiver

Externe Decoder, so wie sie beim analogen Satellitenfernsehen durchaus üblich waren, gibt es beim Digitalfernsehen nicht. Ein für alle zukünftigen Varianten offener Receiver trägt das Kürzel CI, also Common Interface. Diese Geräte sind mit einem, meist sogar mit zwei PCMCIA-Steckplätzen ausgerüstet. Ein solcher Steckplatz nimmt ein beliebiges Decodiermodul auf.

So ist zumindest sichergestellt, auch in Zukunft bei Bedarf Pay-TV oder ansonsten freie Sender mit Grundverschlüsselung empfangen zu können. Was noch benötigt wird, ist ein Decodiermodul. Je nach Verschlüsselungsnorm

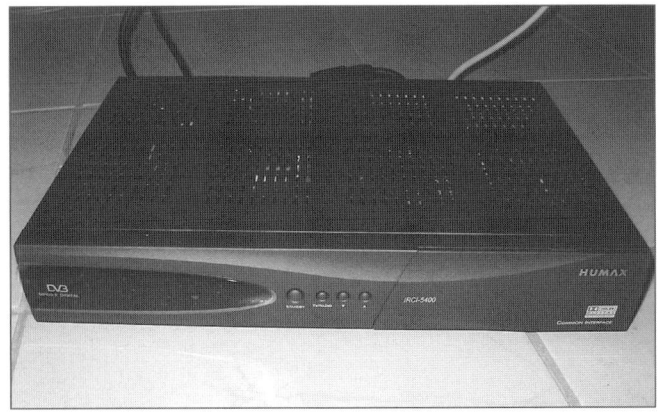

Der Humax IRCI 5400, ein CI-Receiver

Hinter einer Klappe verbergen sich die Schnittstellen für die Module.

Dieses Original-Betacrypt-Modul funktioniert leider nur in einer d-box.

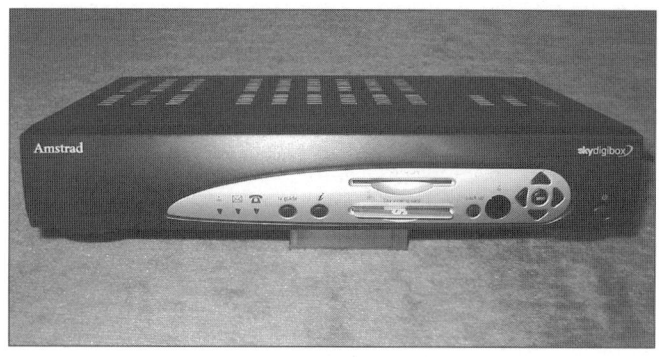

Andere Märkte, andere Receiver. Mit der Sky Digibox – von ihr gibt es mehrere Modelle verschiedener Hersteller – kann man auf den britischen Inseln das BSkyB-Digitalpaket abonnieren.

sind diese Module erschwinglich bis sehr teuer. Als Alternative zu CI-Geräten bieten sich Receiver mit integriertem Decoder an. Viele dieser Geräte haben nicht nur ein integriertes Viaccess-Modul, sondern glänzen zusätzlich mit PCMCIA-Schnittstelle(n).

14.3 Pay-TV-Receiver

Digitalempfänger, die außer dem integrierten Decodiermodul keine zusätzlichen Module zulassen, werden meist von Pay-TV-Anbietern vertrieben. Die Premiere d-box ist hier ein klassisches Beispiel. Obwohl es sich auch dabei grundsätzlich um einen vollwertigen Digital-

Receiver handelt, ist sie doch primär für den Empfang des Premiere-World-Pakets vorgesehen. Die Bedienungsoberfläche ist zudem auf Angebot und Zusatzfunktionen des Pay-TV-Anbieters zurechtgeschnitten. Will man anderes als die Abonnentenkanäle sehen, ist dies, sofern diese unverschlüsselt sind, zwar möglich, aber es wird einem nicht immer leicht gemacht.

Derartige Einschränkungen sind aber nur bei für Gebührenfernsehen vorgesehenen Empfängern gang und gäbe. Unabhängige Receiver mit integriertem Decodiermodul kennen solche Einschränkungen nicht. Obwohl die Zu-

Die d-box 2 ist mit zwei Kartenlesern ausgestattet. Allerdings ist nur einer davon für die Entschlüsselung von TV-Programmen vorgesehen. Der zweite Schlitz ist zukünftigen gebührenpflichtigen interaktiven Diensten vorbehalten.

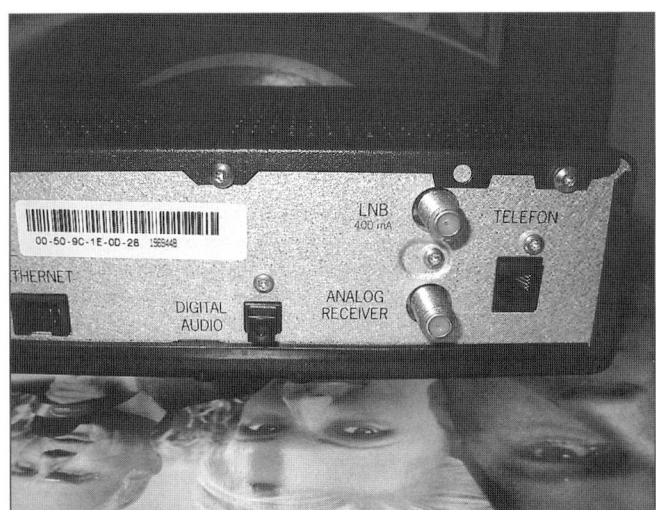

Auch auf der Rückseite gibt es etwas Neues. Die d-box 2 hat auch einen Audio-Digitalausgang.

kunft dem Digitalfernsehen gehört, ist die analoge Technik noch nicht tot. So verwundert es nicht, dass Kombireceiver auf dem Markt zu finden sind. Es gibt sie in mehreren Ausstattungsvarianten vom einfachen Analog/Digital-Empfänger für lediglich unverschlüsselte Sender über Analog/CI-Digital-Empfänger und solche, die neben den PCMCIA-Schnittstellen ein Modul fix eingebaut haben.

14.4 Oberklasse-Receiver

Zur Creme der Digitalempfänger gehören Geräte mit Steuereinheit für eine drehbare Antenne. Auch hier stehen alle erdenklichen Varianten von ausschließlich FTA-Empfang bis Analog/Digital-Empfänger mit reichhaltigen Optionen zur Aufnahme von Decodiermodulen zur Wahl. Der letzte Schrei sind aber sogenannte Festplatten-Receiver. Auch bei diesen reichen die Ausstattungsmerkmale des Digitalteils von Free to Air bis CI. Die wahre Sensation ist aber der integrierte Videorekorder. Wobei das Wort Videorekorder vielleicht nicht ganz korrekt ist. Immerhin gibt's hier keine Videokassette, sondern eine Festplatte mit 20 bis derzeit 80 Gigabyte Speichervolumen. Es wird sicher nicht lange dauern, dann werden noch größere Speicherkapazitäten eingebaut. Mit den derzeit üblichen Festplatten sind durchschnittliche Aufnahmezeiten von zehn bis 40 Stunden möglich. Die maximale Spielzeit richtet sich nicht nur nach der Speicherkapazität der Festplatte, sondern auch nach dem gewählten Qualitätsstandard. Wählt man für die Aufzeichnung Studioqualität, resultiert daraus zwangsweise eine geringere Spielzeit. Der Sinn eines Festplatten-Receivers kann nicht im Archivieren von TV Mitschnitten liegen. Vielmehr soll damit das zeitversetzte Fernsehen erleichtert werden. Wobei dies ein dehnbarer Begriff ist. Da die verwendeten Festplatten getrennte Schreib- und Leseköpfe besitzen, kann man eine Aufnahme etwa starten, wenn das Telefon läutet. Ist das Telefonat beendet, braucht man nicht auf das Ende der Sendung zu warten, sondern kann sofort die Wiedergabe starten. Während man mit dem Lesekopf die noch laufende Sendung vielleicht mit fünf Minuten Verspätung genießt, sorgt der Schreibkopf dafür, dass das Programm weiter aufgezeichnet wird.

Bei der Gestaltung der Bedienung der Festplatten-Rekorder hat man sich sehr viel Mühe gegeben. So erreicht etwa das Programmieren der Geräte neue Dimensionen. Nicht nur die klassischen Optionen, wie tägliche oder wöchentliche Aufnahme, überzeugen. Die Geräte sind selbstlernend und merken sich die Sehgewohnheiten des Besitzers. Wenn man dem Gerät freies Spiel lässt, zeichnet es sogar Programme einer Lieblingssparte auf, selbst dann, wenn der Receiver nicht programmiert wurde. Was mit Festplattenreceivern alles machbar ist, würde den Umfang dieses Buches sprengen. So etwas schaut man sich am besten selbst einmal an.

Mehr kann ein Satellitenempfänger nicht bieten. Der Echostar DVR 7000 ist nicht nur ein Analog/Digital-Empfänger mit eingebautem Viaccess Modul und zwei CI-Slots sowie integriertem Positioner, er hat auch einen integrierten Festplatten-Videorekorder.

14.5 Worauf man beim Kauf noch achten sollte

Unabhängig von der ins Auge gefassten Receivertype sollte man besondere Aufmerksamkeit der Bedienungsoberfläche widmen. Es ist nicht unerheblich, sich schon vor dem Kauf mit den einzelnen Bedienschritten ein wenig vertraut zu machen. Immerhin ist die Menüführung eines Digitalempfängers durchaus schon mit der eines PCs zu vergleichen. Nicht jede Receiver-Software läuft anstandslos, und so kann es schon mal vor allem bei neueren Geräten vorkommen, dass sich der Empfänger „aufhängt" und nicht mehr reagiert. Die aktuellsten Modelle werden nur allzu oft mit einer noch mangelhaften bzw. unvollständigen Software ausgeliefert. Bis ein brandneuer Digital-

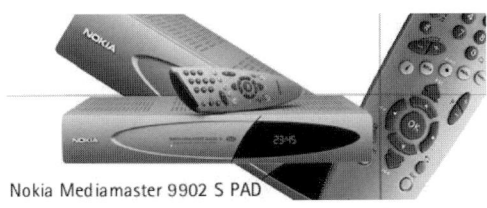

Nokia Mediamaster 9902 S PAD

Der Nokia 9902 ist ein reiner Digitalempfänger mit integrierter Festplatte. Dieser CI-Receiver findet sein ideales Einsatzgebiet bei fix ausgerichteten Satellitenanlagen.

Auch den ZDF Theaterkanal gibt es nur digital.

Auf ARD Extra werden vertiefende Informationen geboten.

ARD Festival ist einer von drei digitalen Zusatzangeboten des ARD-Hauptprogramms.

empfänger wirklich all das in den Werbesprüchen Versprochene beherrscht, können schon mehrere Software-Updates vonnöten sein.

Aus diesem Grund sollte man auch sichergehen, Zugang zu Software-Updates zu haben. Diese werden teils im Internet, teils über Satellit angeboten. Nicht jeder Hersteller pflegt seine Produkte im Nachhinein zu verbessern. Besonders bei No-Name-Erzeugnissen aus Fernost kann man nicht immer davon ausgehen, diesen Service zu bekommen. Wie schon

erwähnt, wächst das digitale Angebot kontinuierlich. Alleine auf Astra und Eutelsat Hotbird sind derzeit an die 1.300 digitale Radio- und Fernsehprogramme vertreten. Sicher, ein großer Prozentsatz ist verschlüsselt, aber wird bei einer Doppel-Feed-Anlage ein automatischer Suchlauf durchgeführt, werden alle Stationen abgespeichert. An diesem Beispiel soll gezeigt werden, wie wichtig es ist, ein Gerät mit möglichst vielen Speicherplätzen zu haben. Mit einem Gerät mit 999 Speicherplätzen ist man heutzutage wahrlich nicht mehr gut bedient. Als Mindestspeicherkapazität müssen 2.000 Programmspeicherplätze angesehen werden. Der Speicher sollte individuell mit Radio- und TV-Kanälen belegt werden können. Je 1.000 für Radio und TV mögen mittelfristig ebenfalls nicht die beste Lösung sein.

Die volle SCPC-Tauglichkeit ist in letzter Zeit nicht mehr so entscheidend. Immerhin gibt es kaum noch einen aktuellen Digitalempfänger, bei dem die Symbolrate auf einige wenige Fixwerte beschränkt ist. Nur die freie Eingabe dieses Werts garantiert, alle Pakete und Einzelsignale empfangen zu können. Vermehrtes Augenmerk ist bei der Symbolrate allenfalls bei Gebrauchtgeräten nötig.

15. Verschlüsselte Signale

Die Einführung des Digitalfernsehens hat uns mit einer wahren Flut neuer TV- und Radio-Programme bedacht. Schon jetzt ist das frei empfangbare digitale Angebot um ein Vielfaches größer, als wir es in den „alten analogen Tagen" zu ahnen wagten. Vor allem dank der Eutelsat-Flotte mit vielen uncodierten Sendern aus aller Welt ist diese für uns um einiges kleiner geworden.

Doch die freien Sender machen nur einen Bruchteil aller vom Digitalempfänger eingelesenen Stationen aus. So sind etwa auf Astra von 381 Kanälen 98 frei empfangbar, also etwa ein Viertel. Auf Eutelsat Hotbird können immerhin 203 digitale Programme von 563 gesehen werden, was etwa einem Drittel aller digitalen Sender gleichkommt. Im Radiobereich ist die Verteilung ähnlich gelagert. Es muss an dieser Stelle darauf hingewiesen werden, dass sich das digitale Angebot so gut wie täglich ändert, aber steigende Tendenz aufweist.

Es sind also vor allem Pay-TV-Anbieter, die mit ihren teils sehr großen Bouquets die Programmspeicherplätze unserer Digital-Receiver füllen. Gebührenfernsehen wird aber nur in Ausnahmefällen in mehreren Ländern angeboten. Die Ursache ist in lizenzrechtlichen Gründen zu suchen. Ferner hat so gut wie jede Region ihren Pay-TV-Anbieter. Da beliebte internationale Sender in vielen Bouquets zu finden sind, tragen auch sie zum Anwachsen der heute schon kaum noch überschaubaren

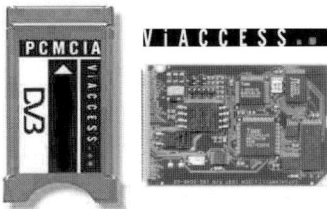

Die Schweiz, Frankreich und Schweden setzten u. a. auf die Viaccess-Verschlüsselung.

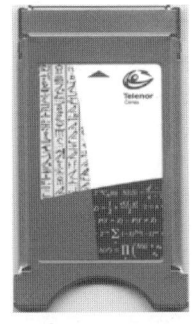

Jedes Verschlüsselungssystem braucht sein eigenes Decodiermodul. In Norwegen schafft ein Conax-Modul den Zugang zum Pay-TV.

Liebäugelt man mit dem Pay-Radio-Angebot Xtra Music, benötigt man ein Cryptoworks-Modul.

Für spanisches Fernsehen, etwa auf Eutelsat Hotbird, benötigt man ein Nagravision-Modul. Nichts desto trotz gibt es auf 13° Ost auch genügend freie spanische Stationen.

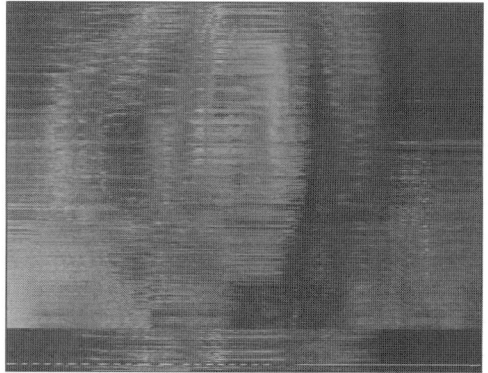

Noch gibt es auch verschlüsselte analoge Stationen. Das analoge Premiere ist einer der wenigen Stationen, die noch das Nagravision-Verschlüsselungssystem einsetzen.

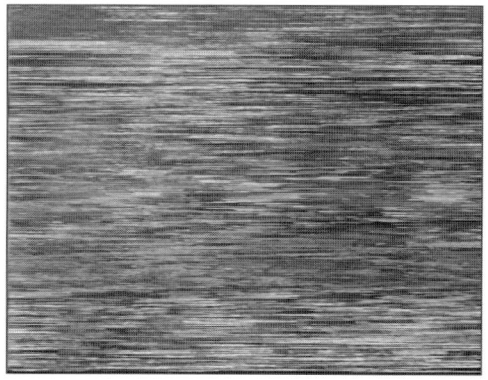

Programmflut bei. Von etwa zwei Dritteln aller Kanäle haben wir also nichts, immerhin bedeutet Gebührenfernsehen nun mal codiertes Fernsehen.

15.1 Zwei gute Gründe für den Code

Warum wird ein Signal verschlüsselt? Aus zwei Gründen: Beim Pay-TV werden von einem Anbieter Kanäle angeboten, die gegen Entrichtung einer Abo-Gebühr gesehen werden dürfen. Auch wenn diese Gebühr viele Interessenten abschreckt, so bekommt man doch einiges für sein gutes Geld. Es darf nicht vergessen werden, dass nicht jeder Sprachraum wie z. B. der deutsche mit einer derartigen Vielfalt von frei empfangbaren Sendern gesegnet ist. Aber selbst in unseren Breiten bringt Gebührenfernsehen eine Reihe von Vorteilen. So gelangen dabei nicht nur neuere Filme als im Free TV zur Ausstrahlung. Sehr positiv muss auch das Engagement bei Kinderprogrammen gesehen werden, wo, wie auch bei anderen Spartensendern eines Paketes, auf Qualität geachtet wird. Genau genommen, ist beinahe für jedes Interessensgebiet ein Programm vorhanden. Da Gebührenfernsehen normalerweise nur in einem Land abonniert werden kann, ähneln sich die Pay-TV-Angebote verschiedener Länder oft stark. Sender wie CNN, BBC Prime, Animal Planet, Eurosport oder MTV sind also in vielen Paketen, teilweise in länderspezifischen Versionen, enthalten. Eines aber haben alle Pay-TV-Pakete gemeinsam. Mindestens die Premium-Angebote, vor allem also die Spielfilmsender, sind werbefrei. Nebenbei wird im Pay-TV weitgehend darauf verzichtet, bei Filmen einzelne Szenen herauszuschnipseln.

◄

Die analogen Übertragungen von Channel 5 auf Astra 19,2° Ost werden wohl nicht mehr ewig andauern. Bald wird man sagen können: So hat ein in Videocrypt codiertes Programm ausgesehen.

Der Nokia 9800 hat wie manch anderer Receiver auch ein fix integriertes Modul.

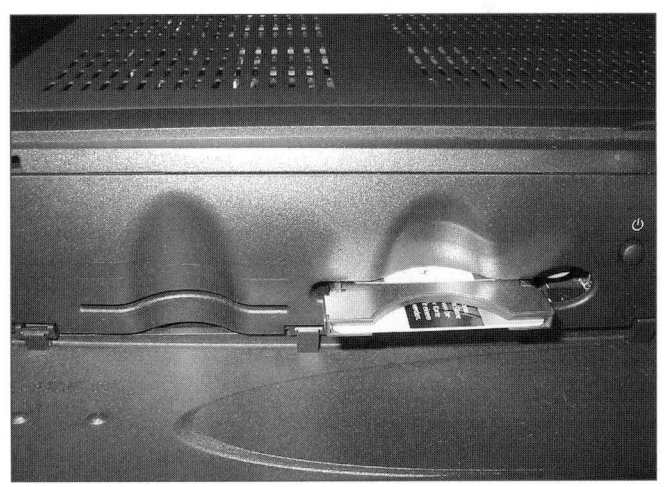

Der Modulschacht im Detail. Mittels eines Druckknopfs können die Module ausgetauscht werden.

Der zweite Grund: Andere TV-Stationen sind gezwungen, ihr Signal aus urheberrechtlichen Gründen zu verschlüsseln. Dabei handelt es sich meist um kleinere öffentlich-rechtliche, aber auch private Stationen, die in einem Lande vorwiegend terrestrisch und/oder über Kabel verbreitet werden. Mit der Satellitenabstrahlung will man einerseits unterversorgte Gebiete erreichen und sich so den weiteren, weil unwirtschaftlichen Ausbau des Sendernetztes in den hintersten Gebirgstälern sparen. Andererseits gibt es genügend Haushalte, die

über keine terrestrische Antenne mehr verfügen und so freiwillig auf die nationalen Programme verzichten. Diese will man über Satellit erreichen bzw. als Seher wieder zurückgewinnen. Da aber kleine Anstalten meist nur über wenig Geld verfügen, können sie sich wohl nur in seltenen Fällen die Übertragungsrechte für mehrere Länder leisten. Natürlich ist jede Anstalt bestrebt, ihren Zusehern das Beste und Interessanteste zu bieten. Im Falle des österreichischen Fernsehens ORF bedeutet dies z. B., dass man sich bei Rechteeinkäufen von

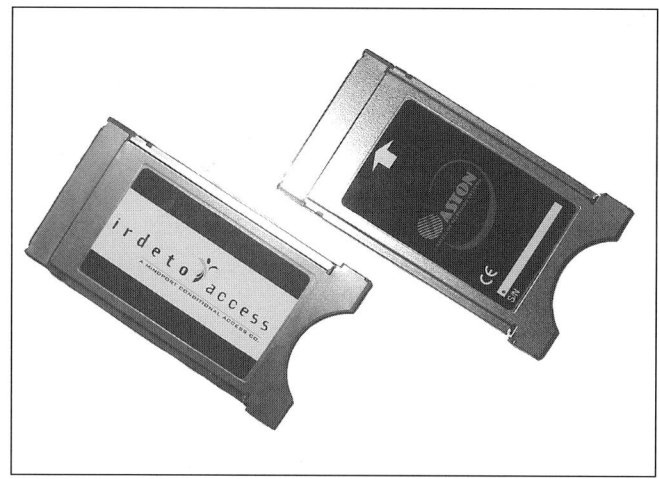

**Für jedes Verschlüsse-
lungssystem gibt es eige-
ne Decodiermodule.**

Filmen, Serien oder Sport-Events die Kosten mit den großen deutschen Sendern, egal ob öffentlich-rechtlich oder privat, teilt. Genauer gesagt, man steuert ein klein wenig dazu bei und erhält im Gegenzug die Erlaubnis, attraktive Programme im eigenen Lande zu verbreiten. (In diesem Zusammenhang sei erwähnt, dass die deutschen Anstalten die Übertragungsrechte für Europa besitzen und deshalb für jedermann frei empfangbar sind.) Da sich jedoch kommerzielle Stationen, wie Pro7, RTL und Co., durch Werbeeinnahmen finanzieren, können diese logischerweise kein Interesse daran haben, dass, wie es beim ORF üblich ist, bestimmte Ereignisse zeitgleich mit den deutschen Sendern übertragen werden. Denn diese können in einem Zielgebiet, z. B. Deutschland, auch von einem zweiten Sender ohne Werbeeinschaltungen, wie es eben beim Staatssender ORF der Fall ist, empfangen werden. In anderen Ländern, wie den Niederlanden oder Skandinavien, werden Serien und Spielfilme in Originalfassung (meist Englisch) mit Untertiteln ausgestrahlt.

Hier kommt zwar nicht der Gleichzeitigkeitsfaktor zum Tragen, aber Englisch wird so gut wie überall verstanden und so tritt die entsprechende Station in Konkurrenz zu anderen regionalen Stationen. Während sich klassisches Ge-

bührenfernsehen und wegen urheberrechtlicher Bedenken codierte Sender an die Allgemeinheit richten, gibt es auch Verschlüsseltes für geschlossene Benutzergruppen. Dies können Videokonferenzen, Nachrichtenüberspielungen oder Mitarbeiterschulungen eines Konzernes sein.

Verschlüsselte Signale sind ein wesentlicher Bestandteil der heutigen Satelliten-TV-Landschaft geworden. Und ihre Bedeutung wird wohl in Zukunft noch steigen. Nichts desto trotz soll die bloße Präsenz codierter Programme keine Verpflichtung darstellen, diese auch empfangen zu müssen. Immerhin bietet das Digitalfernsehen auch eine stattliche Anzahl an freien Stationen. Viel mehr, als es analog je der Fall war, und man möchte meinen, das solle reichen.

Aber normales Pay-TV hat schon jetzt einen gewaltigen, meist unbeachteten Vorteil. Sie sparen eine Menge Zeit! Zeit, die sie bei frei empfangbaren Privatsendern durch die vielen Werbeeinschaltungen verlieren. Zeit, die man, statt sie vor dem TV-Gerät unnütz zu verbringen, z. B. mit der Familie verbringen könnte. Es hat schon etwas für sich, wenn man für einen 90 min langen Spielfilm wirklich nur eineinhalb Stunden vor dem Fernseher sitzen muss.

15.2 Was benötigt man zum Empfang?

Während bei analogen Satelliten-Receivern der Decoder entweder als Beistellgerät fungierte oder bei einigen Spitzenmodellen integriert war, ist man beim Digitalfernsehen andere Wege gegangen. Während in Europa nur einige wenige analoge Verschlüsselungssysteme, konkret Videocrypt für Großbritannien, Eurocrypt für die in Skandinavien eingesetzte Sendenorm D2Mac und Nagravision für die analoge Premiere-Abstrahlung auf Astra, benutzt werden/wurden, gibt es in der Digitaltechnik vielfältige Codiersysteme.

Bei Digitalempfängern kann ein Decoder entweder fix eingebaut sein oder in Form eines CAM-Moduls an einen dafür vorgesehenen Steckplatz angeschlossen werden.

Am zukunftssichersten sind Modelle mit Common Interface, welches in Form eines von Computern her bekannten PCMCIA-Steckplatzes für die Aufnahme eines Moduls vorbereitet ist. So gut wie alle CI-Receiver haben zwei Steckplätze. Diese verbergen sich hinter einer Klappe in einem Schacht und nehmen die etwa kreditkartengroßen Decodiermodule auf. Die Receiver können mit einem beliebigen Modul bestückt werden – ein großer Vorteil. So kann man sich leicht geänderten Gegebenheiten anpassen.

Selbst bei den CI-Receivern gibt es mehrere Varianten. Einige Geräte kommen bereits mit einem fix integrierten Viaccess-Decoder auf den Markt und bieten zudem CI-Slots. Receiver mit lediglich einem Common Interface sind eher abzulehnen. Immerhin können schon jetzt internationale Sender abonniert werden, die in verschiedenen Normen verschlüsseln.

Die Frage, warum für das Digitalfernsehen so viele Codierverfahren, wie etwa Mediaguard, Cryptoworks, Viaccess, Betracrypt, Irdeto oder Conax, gibt, ist nicht leicht zu beantworten. Zum einen soll ein Verschlüsselungsverfahren sicher gegen Angriffe aller Art sein, und zum anderen spielen wohl marktwirtschaftliche Überlegungen eine Rolle. Gibt es in einem Land z. B. zwei konkurrierende Pay-TV-Anbieter, so kann man es dem Endverbraucher durch unterschiedliche Codierverfahren wesentlich erschweren, den Anbieter zu wechseln.

Ältere Nokia-Digitalempfänger haben dank der DVB98/2000-Software von Dr. Overflow auch außerhalb Europas eine gewisse Verbreitung erlangt. Diese Geräte können mit einem Irdeto-Modul ausgerüstet werden, das sich auch für Betracrypt eignet.

Ohne Decodierkarte geht gar nichts. Sie muss in den Schlitz auf der Frontseite eines Moduls eingeschoben werden. Im Bild die Decodierkarte für Premiere World.

Auch für das österreichische Fernsehen benötigt man eine Decodierkarte. Leider wird sie nur an Rundfunkgebühr zahlende Österreicher ausgegeben. Da man das selbe Verschlüsselungssystem wie Premiere World einsetzt, kann auf der ORF-Karte auch das deutsche Pay-TV freigeschaltet werden.

Viele kleine Rundfunkanstalten sind gezwungen, ihr Satellitensignal aus urheberrechtlichen Gründen zu codieren, so auch das schweizerische Fernsehen.

Bei heute marktüblichen Geräten sind demgegenüber sämtliche CAM (Conditional Access Module) in den Abmessungen und PIN-Belegungen genormt, unterscheiden sich also äußerlich nicht. Kommen in einem CI-Receiver z. B. zwei Module zum Einsatz, spielt es keine Rolle, welcher Steckplatz für welches Modul verwendet wird. Im Receiver Menü können mitunter verschiedene CAM-spezifische Parameter eingestellt werden.

Die Beantwortung der Frage, wo nun die Unterschiede zwischen den einzelnen Codierverfahren liegen, könnte Bücher füllen. Aber damit braucht sich der Anwender nicht weiter belasten...

Mit dem Decodiermodul allein lassen sich noch keine verschlüsselten Sender freischalten. Es wird auch eine Karte benötigt. Die Kartenausgabepolitik der einzelnen Sender ist sehr unterschiedlich. Aus urheberrechtlichen Gründen verschlüsselte Stationen geben die Kärtchen alleine ab, selbstredend nur unter bestimmten Vorraussetzungen: Entrichtung der Rundfunkgebühr und Nachweis des ordentlichen Wohnsitzes im Sendegebiet. Man kann je nach Anstalt die Karte direkt beim Sender anfordern oder sich im Zuge eines abonnierten Pay-TV-Angebots diese Karte freischalten lassen. Pay-TV-Veranstalter geben ihre begehrten Kärtchen nicht immer ohne Weiteres allei-

ne aus. Oft genug ist die Ausgabe mit dem Erwerb eines vom Gebührenfernseh-Betreibers unterstützten Digitalempfänger verbunden, dem das Kärtchen beigepackt ist. Entscheidet man sich für ein Abonnement eines derartigen Senders, ist man wohl oder übel gezwungen, eventuell einen zweiten Digitalempfänger aufzustellen. Nicht nur, dass es hier zu einer Bevormundung des potenziellen Kunden kommt, dem man die Auswahlmöglichkeit nimmt, bieten diese Geräte nicht immer höchste Bedienungsfreundlichkeit und Zuverlässigkeit. Mit diesen Maßnahmen will man verhindern, dass beim Pay-TV-Empfang kein Schindluder getrieben wird. Zum anderen laufen in den empfohlene Boxen eigene Software-Versionen, die spezielle Zusatzdienste für den Abonnenten zulassen. Mit einem gewöhnlichen CI-Receiver wird man auf diese verzichten müssen. Obwohl von einigen Pay-TV-Anbietern heftig dementiert, funktioniert das Bestellen, oder besser gesagt das Freischalten von Pay-Per-View-Ereignissen auch mit „Fremd-Receivern". Auf viele Zusatzdienste wird man ohnehin gern verzichten: Telebanking oder Surfen im Internet geht mit dem Computer wesentlich bequemer.

Was tun, wenn der Veranstalter keine Karten an Personen mit bereits vorhandenem Receiver und CAM verteilt? Pay-TV-Sendern ist noch nicht unbedingt klar geworden, dass eine zu streng gehandhabte Kartenausgabe-Politik potenzielle Kunden abschreckt. Stichwort Piratenkarten. Für einige Verschlüsselungsverfahren gibt es illegale Karten. Nach der selben Codierungsnorm arbeitende Pay-TV-Pakete können damit freigeschaltet werden. Der Einsatz solcher Karten ist eine strafbare Handlung (Diebstahl). Illegale Karten bergen aber auch technische Nachteile in sich, die allzu gerne übersehen werden. Man weiß nie, wie lange eine solche Karte funktioniert. Führt der Anbieter einen Codewechsel durch, fällt sie einfach aus. Außerdem bekommt man als illegaler Nutzer natürlich keine Programmzeitschrift und weiß somit nicht, was auf den einzelnen Kanälen eines Pakets geboten wird.

16. Multischalter-Kunde

Der Multischalter ist das Herzstück einer jeden Mehrteilnehmer-Anlage. An ihn werden die vom Konverter kommenden Kabel und die zu den Teilnehmern abgehenden Kabel angeschlossen.

Ein Standard-Multischalter besitzt vier Sat-ZF-Eingänge für die Verbindung mit den vier Ausgängen eines Universal-LNCs und einen weiteren Eingang für die Einspeisung terrestrischer Signale. An den vier Ausgängen werden die Teilnehmer angeschlossen. Für übliche Anwendungen genügt dies. Jedoch sollte man sich vor dem Kauf überlegen, ob auch mittelfristig vier Ausgänge genügen. Hegt man Zweifel, kauft man besser einen kaskadierbaren Multischalter. Solche Switches (ein anderes Wort für Multischalter) sind mit weiteren fünf Buchsen ausgerüstet, an denen die an den Eingängen anliegenden Signale durchgeschliffen werden. Bei Bedarf kann man hier einen weiteren Schalter anschließen. Wird von Beginn an eine größere Anlage ins Auge gefasst, kann man auch auf Mulischalter mit sechs (selten) oder acht Ausgängen zurückgreifen.

Manch einer wird sich an Multischalter mit zwei oder drei Eingängen erinnern. Diese stammen aus grauer Vorzeit und sind nur für analoge Anlagen geeignet. Bei drei Eingängen wird zusätzlich das terrestrische Signal eingeschleift.

Mit früheren Multischaltern mit vier Eingängen wurden Doppel-Feed-Verteilanlagen bewerkstelligt. Es versteht sich, dass diese nur für analoge Signale, also den unteren Bereich des Ku-Bands, geeignet waren. Moderne Multischalter für Zweisatellitenempfang haben acht Sat-ZF-Eingänge. Neben den bei allen Multischaltern verwendeten Steuersignalen 14/18 V und 22 kHz kommt hier als weiteres Schaltkriterium DiSEqC dazu. Soll an einem solchen Multischalter ein älterer analoger Receiver ohne DiSEqC angeschlossen werden, kann dieser

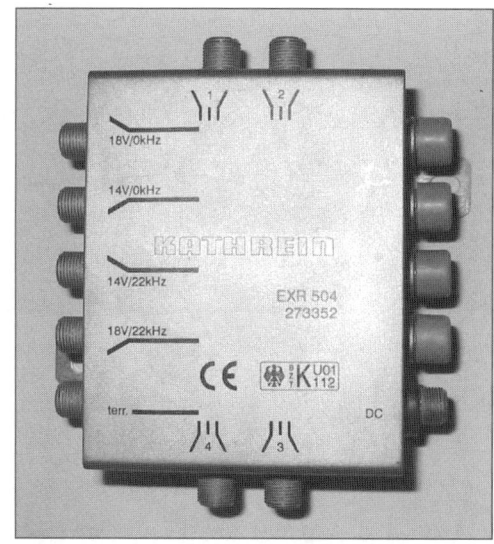

Als Standard sind heute vier Sat-ZF-Eingänge und ein terrestrischer Eingang zu betrachten. Je zwei Ausgänge sind an Ober- und Unterseite des Multischalters zu sehen. Die Anschlüsse rechts sind für Kaskaden.

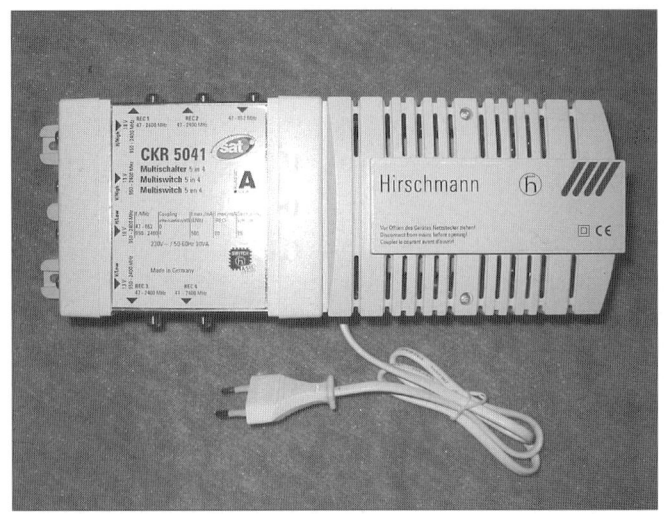

Multischalter von Hirsch-
mann mit integriertem
Netzteil

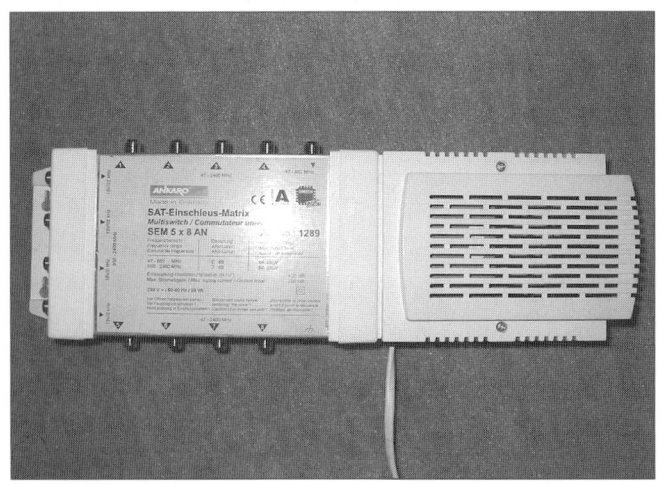

Ankaro-Multischalter mit
vier Sat-ZF-Eingängen und
einem terrestrischen Ein-
gang sowie Ausgängen für
acht Teilnehmer.

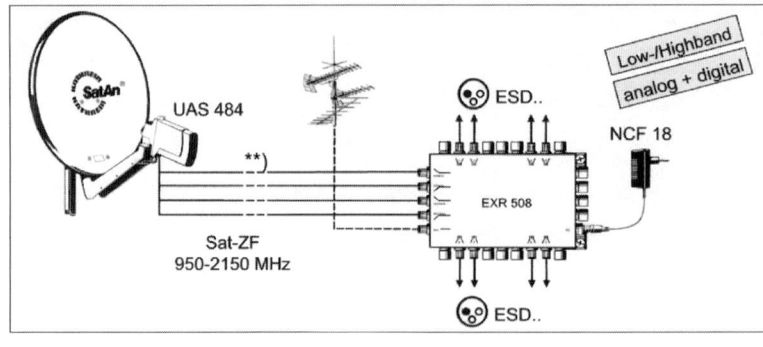

Installationsbei-
spiel der Firma
Kathrein für eine
Achtteilnehmer-
Anlage

nur auf die erste Satellitenposition zugreifen. Möchte man auf sein altes Gerät nicht verzichten und trotzdem aus dem Vollen schöpfen, kann man auf einen externen DiSEqC-Generator zurückgreifen.

Multischalter werden meist auf dem Dachboden montiert. Dabei darf nicht übersehen werden, dass ein Netzanschluss vorhanden sein muss. Sollen mit dem Multischalter auch terrestrische Signale verteilt werden, kann es erforderlich sein, einen terrestrischen Antennenverstärker anzuschaffen. Der Grund ist die Dämpfung, die das terrestrische Signal im Multischalter erfährt. Diese ist umso größer, je mehr Ausgänge vorhanden sind. Bei einem Multiswitch mit acht Ausgängen muss mit einer stärkeren Dämpfung als bei einem mit vier Teilnehmeranschlüssen gerechnet werden.

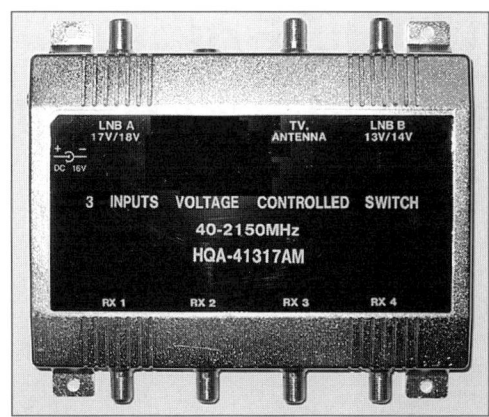

Multischalter mit drei Eingängen (oben) sind Schnee von gestern. Mit ihnen können nur analoge Mehrteilnehmer-Anlagen realisiert werden. Ein digitaltauglicher Multischalter benötigt vier Sat-ZF-Eingänge.

17. DiSEqC – was steckt dahinter?

In den Pioniertagen des Satellitenfernsehens mussten zur Antenne eine Reihe von Kabeln verlegt werden. Für die Umschaltung der Polarisationsebene wurde einst ein eigener Polarizer benötigt, der seine Verbindung mit dem Receiver durch ein dreiadriges Kabel fand. Die deutschen Programme waren zudem auf mehreren Satellitenpositionen verteilt, also brauchte man eine drehbare Schüssel. Die Motorsteuerung benötigte ein Kabel mit weiteren fünf, später vier Adern. Die Koaxialleitung zum LNC war also nur eine von vielen Verbindungen zwischen Außeneinheit und Receiver. Einige Zeit später kam der Marconi-LNC auf den Markt. Mit ihm war es erstmals möglich, ohne zusätzliche Steuerleitung zwischen horizontaler und vertikaler Empfangsebene umzuschalten. Als Schaltkriterium bediente man sich der noch heute üblichen variablen LNC-Speisespannung von 14 V für vertikal und 18 V für horizontal. Parallel zu den Drehanlagen wurden immer mehr stationäre Antennen errichtet, die fest auf eine oder zwei Satellitenpositionen ausgerichtet waren. Zur Ansteuerung zweier Konverter wurde als weiteres Schaltkriterium das 22-kHz-Signal etabliert. Im Laufe der Zeit wurde neben dem unteren Ku-Band von (damals) 10,95 bis 11,7 GHz auch der Frequenzbereich von 11,7 bis 12,75 GHz immer interessanter, und so kam es zur Entwicklung des heute als Standard geltenden Universal-LNCs. Das 22-kHz-Signal dient hier zur Umschaltung zwischen den beiden Frequenzbereichen. Ein weiteres Kriterium, um eine Multifeed-Anlage zu betreiben, gab es nicht. Der Satellitenbetreiber Eutelsat erkannte schon frühzeitig das Problem und entwickelte zusammen mit Philips das Steuersystem Digital Satellite Equipment Control, kurz DiSEqC. DiSEqC hat nicht nur ein zusätzliches Steuerkriterium, es ist viel mehr. Mit ihm lassen sich u. a. Multifeed-Anlagen zum Empfang von z. B. vier Satelliten realisieren oder Drehanlagen steuern. Alle Schaltsignale werden im Antennenkabel übertragen. Bei DiSEqC werden die Steuersignale zwischen Sat- Receiver und Multischalter, Relais, LNC oder Antennenmotor über das vorhandene Koaxialkabel übertragen. Das DiSEqC-Konzept beruht auf der digitalen Erweiterung des 22-kHz-Tons, der dabei nicht ständig, sondern nur für 1/10 Sekunde und in Form eines digitalen Datenpakets übertragen wird.

17.1 Tone Burst oder Mini-DiSEqC

Bedarf es neben 14/18 V und 22 kHz ausschließlich eines zusätzlichen Steuersignals, kann man sich mit Tone Burst bzw. Mini-DiSEqC begnügen. Während die bereits bekannten Steuersignale zum Ansprechen eines Konverters verwendet werden, wird auf das 22-kHz-Signal ein Datenpaket mit 0-Bits für Satellit 1 oder 1-Bits für Satellit 2 aufgeprägt und ermöglicht so die Realisierung einer Doppel-Feed-Anlage mit lediglich einem Koaxialkabel.

17.2 DiSEqC 1.0

Sofern ein Receiver nicht zu alt ist, beherrscht er mindestens DiSEqC Level 1.0. Damit lässt sich der Empfang von bis zu vier Satellitenpositionen bzw. das Ansteuern von vier Universal-LNCs auf beiden Frequenzbereichen verwirklichen. Es lassen sich aber auch interessante Kombinationen realisieren. Der Fantasie sind da beinahe keine Grenzen gesetzt.

Receiver-Hersteller geben ihren Produkten gelegentlich nur sehr oberflächlich gestaltete Gebrauchsanleitungen mit auf dem Weg, und der ein oder andere „glückliche Besitzer" eines solchen Geräts wird im Unklaren gelassen, wie er nun dem Receiver das Schalten von DiSEqC-Befehlen richtig lehrt. Die Tabelle soll vergegenwärtigen, welche Schaltkriterien bzw. Satellitenpositions-Ansteuerungen sich hinter den 16 Schaltmöglichkeiten bei DiSEqC 1.0 verbergen. Empfang und Verteilung mehrerer im Frequenzbereich 10,7 bis 12,75 GHz arbeitender Satelliten gelingt erst durch DiSEqC. Es wird ein Multischalter mit acht Sat-ZF-Ein-

gängen, an dem zwei Quattro-LNCs mit je vier Ausgängen angeschlossen werden, benötigt. DiSEqC-Multischalter mit acht Sat-ZF-Eingängen (und meist noch einem terrestrischen Eingang) werden heute von vielen Herstellern angeboten.

17.3 Was tun mit alten Sat-Empfängern?

Unsere lieben alten Receiver brauchen wir trotz fehlender DiSEqC-Steuermöglichkeit noch lange nicht wegzuwerfen. Immerhin werden auch DiSEqC-Generatoren verschiedener Bauart angeboten, die entweder über die 0/12-V-Buchse des Empfängers oder die Anschlussklemmen des mechanischen oder magnetischen Polarizers gesteuert werden können. Es gibt auch einen Generator, der auf den Infrarotbefehl einer Fernbedienung reagiert. Um den erzeugten DiSEqC-Befehl auch senden zu können, muss ein Generator in das Koaxialkabel eingeschleift werden. Der DiSEqC-Generator liefert nur *ein* zusätzliches Schaltkriterium. Wenn man auf

Möglichkeiten von DiSEqC 1.0				
Schaltvariante	Polarisation	Frequenzband	LNC	Befehl
1	V (13 V)	Low (0 kHz)	A	0
2	H (18 V)	Low (0 kHz)	A	0
3	V (13 V)	High (22 kHz)	A	0
4	H (18 V)	High (22 kHz)	A	0
5	V (13 V)	Low (0 kHz)	B	1
6	H (18 V)	Low (0 kHz)	B	1
7	V (13 V)	High (22 kHz)	B	1
8	H (18 V)	High (22 kHz)	B	1
9	V (13 V)	Low (0 kHz)	C	0
10	H (18 V)	Low (0 kHz)	C	0
11	V (13 V)	High (22 kHz)	C	0
12	H (18 V)	High (22 kHz)	C	0
13	V (13 V)	Low (0 kHz)	D	1
14	H (18 V)	Low (0 kHz)	D	1
15	V (13 V)	High (22 kHz)	D	1
16	H (18 V)	High (22 kHz)	D	1

die reichhaltigen Schaltmöglichkeiten, die Di-SEqC grundsätzlich bietet, zurückgreifen will, bleibt nichts anderes übrig, als sich einen Di-SEqC-fähigen Receiver zuzulegen.

17.4 Drehanlagen

Herkömmliche Motoren für Drehanlagen können nicht für DiSEqC-Steuerung umgerüstet werden. Die derzeit am Markt verfügbaren Di-SEqC-Drehmotoren beherrschen alle den unidirektionalen DiSEqC Level 1.2. Zur Steuerung der Drehantenne ist ein Satelliten-Receiver gleichen Levels nötig. Für Empfänger ohne eingebauten DiSEqC Level 1.2 gibt es ein externes Nachrüst-Interface, das den DiSEqC-Drehmotor unabhängig vom Satellitenempfänger steuern kann. Bei der Bedienung einer Di-SEqC-Drehanlage gibt es im Vergleich zu herkömmlichen Systemen keine Unterschiede.

17.5 DiSEqC in Einkabel-Verteilanlagen

Die Sat-ZF-Signalverteilung mittels Multischalter ist nicht in allen Gebäuden möglich. Besonders dann nicht, wenn bestehende terrestrische Einkabelanlagen auf Satellitenempfang umgerüstet werden sollen. Hier wurden in der Vergangenheit meist Kopfstellen installiert, über die einige analoge Satellitenprogramme in VHF/UHF-Kanäle umgesetzt und so in die Antennenanlage eingespeist wurden. Eine weitere Möglichkeit war das Neusortieren der einzuspeisenden Satelliten-Transponder innerhalb einer Sat-ZF-Ebene. Wegen der Verknüpfungen zu anderen Transpondern ist diese Vorgehensweise beim digitalen Satellitenempfang nicht mehr möglich. Dennoch können mit Di-SEqC auch digitaltaugliche Einkabelanlagen für bis zu 30 Teilnehmer realisiert werden (Level 1.1 bzw. 2.1), wobei jedem die Programmvielfalt mindestens zweier Satellitenpositionen angeboten werden kann. Einkabellösungen lassen sich auch in größeren Gebäudekomplexen mit mehr als 30 Haushalten verwirklichen, vorausgesetzt, dass mehrere Stammleitungen existieren.

17.6 DiSEqC Varianten

Mit Hilfe des analogen Tone-Burst-Schaltsignals (auch Mini-DiSEqC genannt), kann man zwei Universal-Single-LNBs für Digital- und Analogempfang steuern. 14/18 V und 22 kHz werden dann über einen speziellen DiSEqC-Multischalter gesteuert.

Mit der Version 1.0 hat man die Möglichkeit, bis zu vier Satelliten anzusteuern. Dies erfolgt mittels digitaler Signale.

Auch mit DiSEqC 2.0 können bis zu vier Satellitenpositionen verwaltet werden. Zusätzlich bietet diese Version einen Rückkanal, der Informationen über Anzahl und Art der angeschlossenen LNCs gibt. Der Receiver stellt sich dann automatisch auf die entsprechende Oszillatorfrequenz ein und fragt ab, wie viele Konverter angeschlossen sind. Die Steuerung von drehbaren Anlagen über die Koaxialleitung ist ebenfalls möglich.

DiSEqC 2.1 erlaubt den Empfang von bis zu 64 Satellitenpositionen.

DiSEqC 3.0 wurde speziell für Einkabel-Verteilanlagen mit maximal 30 Teilnehmern entwickelt.

17.7 Fazit

DiSEqC ist zwar nicht mehr ganz neu, aber vielfach noch immer ein unbeschriebenes Blatt. So verwundert eine gewisse Scheu vor dieser Innovation nicht. Dennoch, die Vorteile liegen auf der Hand. Dank DiSEqC lassen sich nicht nur mühelos Doppel- oder Mehrfach-Feed-Mehrteilnehmer-Anlagen realisieren. Auch dem Satellitenfreak, der gleichzeitig mit vielen Antennen und vielleicht sogar noch mehr LNCs herumexperimentiert, hat man da ein überaus wertvolles Spielzeug in die Hand gegeben.

DiSEqC bietet aber noch mehr. Dank der Abwärtskompatibilität kann eine bestehende Satellitenanlage mit diesem Equipment mühelos erweitert werden. Da die bereits etablierten Schaltkriterien weiter unterstützt werden, können bereits verwendete Bauteile, also auch ältere Satellitenempfänger unter gewissen Einschränkungen weiterverwendet werden.

18. Das Koaxialkabel

Heute werden in Antennenanlagen fast ausschließlich Koaxialkabel verwendet. Sie bestehen aus einem Innenleiter, dem ihn umgebenden Dielektrikum, dem Außenleiter und einem äußeren Kunststoffmantel.

Die heute in der Sat-Antennentechnik üblichen Kabel haben einen Wellenwiderstand von 75 Ohm. Dieses elektrische Kennzeichen eines Kabels wird vom Verhältnis der Durchmesser von Außenleiter zu Innenleiter mitbestimmt. Der Wellenwiderstand ist von der Leitungslänge und praktisch von der Frequenz unabhängig. Er lässt sich aber nicht mit einem Ohmmeter ermitteln.

Ein weiterer wichtiger Parameter ist die Dämpfung. Sie ist von Frequenz- und Länge abhängig. Nach DIN darf sie in zehn Jahren um 10 % zunehmen. In der Dämpfung unterscheiden sich für Sat- und terrestrischen Empfang taugliche Antennenkabel.

Zwar ist ein dünnes Kabel leichter zu verlegen als ein dickes, man muss sich aber im Klaren sein, dass es gerade die dünnen Koaxialkabel sind, die nur durchschnittliche bis schlechte Dämpfungswerte aufweisen. Anhand einer kleinen Liste soll die Frequenzabhängigkeit der Dämpfung verschiedener Kabel demonstriert werden. Die Daten sind dem Kathrein-Katalog 2000 entnommen. Die angegebenen Dämpfungswerte in dB beziehen sich 100 m Länge. Während die Dämpfung bei tieferen Frequenzen nicht allzu große Unterschiede aufweist, steigen diese im Sat-ZF-Bereich

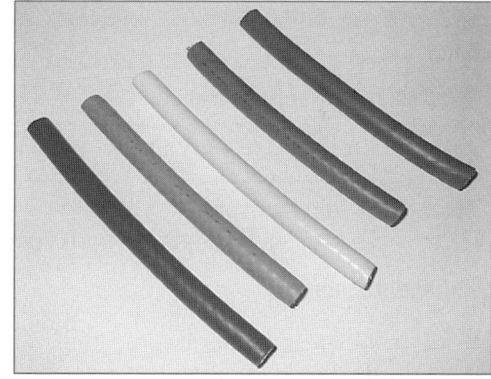

Durch die unterschiedliche Farbgebung der Antennenkabel sollen Verwechslungen bei der Installation verhindert werden.

teilweise enorm. Ein weiterer wichtiger Faktor ist das Schirmungsmaß. Dieses ist von der Ausführung der Abschirmung, also dem Außenleiter abhängig. Die Qualität der Abschirmung lässt sich mit einem Blick leicht feststellen. Während billige Kabel nur ein Geflecht aus verhältnismäßig wenig Litzen aufweisen, sind bessere Kabel zusätzlich mit einer Aluminiumfolie versehen. Hochwertige Kabel sind mit bis zu zwei Alufolien und hochwertigem Schirmgeflecht versehen. Je besser die Abschirmung eines Kabels ist, umso weniger Störungen sind zu erwarten. Es ist zu berücksichtigen, dass der Funkstörnebel, hervorgerufen durch verschiedenste Anwendungen vom Garagenöffner bis zum Mobiltelefon, stetig an-

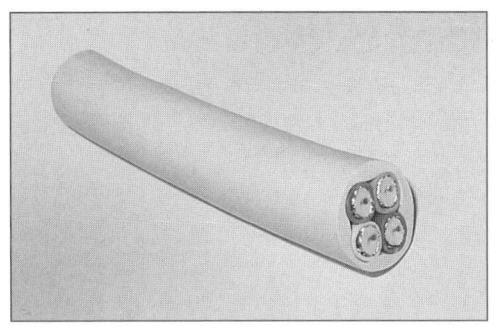

Sollen mehrere Koaxialleitungen parallel verlegt werden, kann man auch auf ein Mehrfachkabel zurückgreifen.

steigt und somit das Schirmungsmaß eine immer wichtigere Rolle spielt.

Besitzt ein Kabel ein Geflecht, beträgt es ungefähr 55 dB. Mit einem Geflecht und einer Folie steigt es auf ca. 75 dB, mit einem Geflecht und zwei Folien bis zu 95 dB.

Ein Antennenkabel sollte also im Wellenwiderstand passend sein, eine der Übertragungsaufgabe entsprechende Dämpfung und ein hohes Schirmungsmaß aufweisen. Es sollte weiterhin den Verlegungsbedingungen angepasst sein sowie sowohl gute elektrische wie mechanische Beständigkeit bieten.

Dämpfung einiger Koaxialkabel					
Typ:	LCD 58	LCD 61	LCD 79	LCD 90	LCD 99
Innenleiter-Durchmesser:					
	0,4mm	0,75mm	0,75mm	1,13mm	1,13mm
Außendurchmesser:					
	4,1mm	6,8mm	5,0mm	6,8mm	6,8mm
50 MHz	10	6	7	4	4
100 MHz	15	9	9	6	6
200 MHz	21	12	12	8	8
300 MHz	26	15	15	10	10
450 MHz	32	19	18	13	12
800 MHz	42	26	25	18	17
1.000 MHz	48	29	28	21	19
1.350 MHz	56	34	33	25	22
1.750 MHz	64	39	37	28	25
2.050 MHz	72	43	40	31	28
3.000 MHz	88	53	50	39	36

19. Antennensteckdosen

An den Ausgängen eines Multischalters steht die Summe von verschiedenen Signalen an. Wie allgemein bekannt, arbeiten sowohl terrestrischer Rundfunk und Fernsehen sowie Satelliten auf eigenen Frequenzbereichen. Aufgabe einer Antennensteckdose ist es u. a., an jeder der drei Anschlussbuchsen nur das für den jeweiligen Empfänger vorgesehene Frequenzspektrum zur Verfügung zu stellen. Integrierte Frequenzweichen übernehmen diese Aufgabe. Nur so können gegenseitige Beeinflussungen vermieden werden. Weiter wird die vom Satelliten-Receiver ausgegebene LNC-Speisespannung von der TV- und Rundfunk-

buchse ferngehalten. Der Tuner eines terrestrischen Empfangsgeräts würde es bestimmt mit „speziellem Dank" quittieren, wenn man ihm neben dem Antennensignal auch noch 14 oder 18 V verpassen würde. Empfänger an einer Gemeinschafts-Antennenanlage (wie z. B. einer Mehrteilnehmer-Anlage mit Multischalter) dürfen sich nicht gegenseitig stören. Dazu sind Entkopplungsmittel erforderlich, die in den Antennensteckdosen untergebracht sind. Gegenseitige Störungen gleichartiger Empfänger, die auf den gleichen Sender eingestellt sein können, werden durch nichtselektive Entkopplungsmittel verhindert. Da Verteilanlagen mit

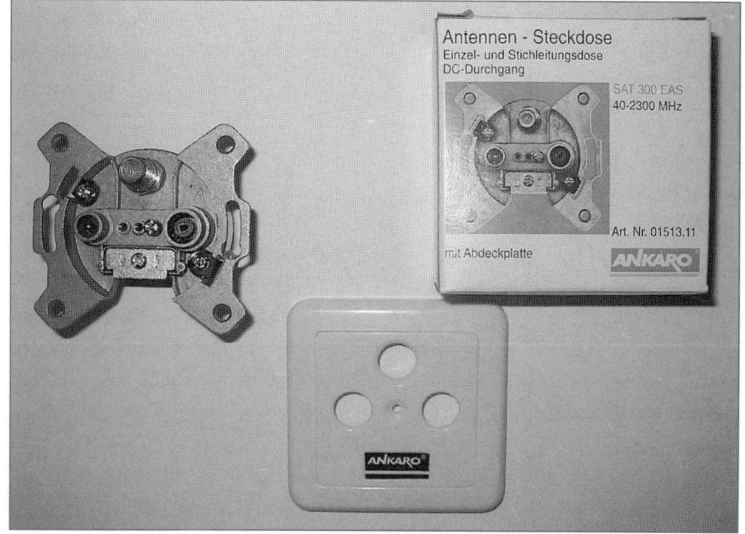

Antennensteckdosen werden meist mit einer Geräteabdeckung ausgeliefert.

Satellitensignal-Einspeisung nur in Sternverteilungsform ausgeführt werden – zu jedem Teilnehmer wird eine eigene Leitung verlegt – sind hier Durchgangsdosen, wie sie bei normalen terrestrischen und Kabel-TV-Anlagen Anwendung finden, fehl am Platz. Die richtige Wahl sind Einzeldosen, im Volksmund auch als Enddosen bekannt.

Satellitentaugliche Antennensteckdosen haben Anschlüsse für Rundfunk, terrestrisches TV und Satellit.

20. Kleines Lexikon der Fernseh- und Satellitentechnik

In der Satelliten- und TV-Empfangstechnik werden wir immer wieder mit Begriffen und Abkürzungen verschiedenster Art konfrontiert. Nicht immer wissen wir etwas damit anzufangen. Dieses kleine Lexikon soll helfen, ein klein wenig Licht in das Dunkel zu bringen. Natürlich kann es keinen Anspruch auf Vollständigkeit erheben.

Access

Unter Access ist eine Erlaubnis zu verstehen, codierte Systeme zu benutzen.

ADR

Astra Digital Radio (ADR) ist ein digitales Übertragungssystem für Radioprogramme, die auf analogen TV-Transpondern auf den verschiedenen Tonunterträgern ausgestrahlt werden. ADR wird nur auf Astra eingesetzt.

AFC

Unter der automatischen Frequenzregelung (Automatic Frequency Control), ist eine elektronische Schaltung zu verstehen, die ungewollte Abweichungen von der eingestellten Empfangsfrequenz korrigiert.

AfriStar

AfriStar ist der erste Satellit des WorldSpace-Systems. Er wurde 1998 ins All befördert und überträgt seitdem im digitalen Modus Radio- und Datensendungen für den schwarzen Kontinent. s. auch WorldSpace

AGC

Die automatische Verstärkungsregelung (Automatic Gain Control) ist eine in Empfängern verwendete Schaltung, welche die Verstärkung dem empfangenen Signalpegel so anpasst, dass das Signal am Ausgang in Grenzen konstant bleibt.

AM

ist die Abkürzung von Amplitudenmodulation. Dieses Modulationsverfahren wird bei allen Rundfunksendungen im Kurz-, Mittel- und Langwellenbereich, aber auch beim terrestrischen Fernsehbild angewendet.

Astra

ist ein europäisches Satellitensystem mit Sitz in Luxemburg. Die auf 19,2° Ost (sieben Satelliten copositioniert) und 28,5° Ost (derzeit drei Satelliten) stehenden Satelliten versorgen Europa mit Radio- und TV-Programmen für den Direct-to-Home-Markt.

analog

Herkömmliches, seit über hundert Jahren angewendetes Signalübertragungsverfahren.
Die Schwingungen des Signals entsprechen jenen der Quelle.

Audiobandbreite

Charakteristikum des Audiofrequenzbereichs eines Satellitenempfängers. Die Audiobandbreite richtet sich nach der Modulation des empfangenden Signals. Die Qualität der Tonwiedergabe kann unter einer nicht angemessenen Audiobandbreite empfindlich leiden.

Ausleuchtzone

Die Ausleuchtzone ist jener Teil der Erdoberfläche, der vom Satelliten nominell versorgt wird. Graphisch wird sie als eine Reihe von ineinander liegenden, mehr oder weniger konzentrischen geschlossenen Linien dargestellt, wobei jede einer in dBW ausgedrückten Empfangsleistung entspricht. Meist wird statt dessen die nötige Antennengröße angegeben. Statt Ausleuchtzone sagt man auch Footprint (Fußabdruck).

Autofokus

Darunter ist die automatische Antennennachführung beim Empfang unstabiler, also im All um ihre Idealposition pendelnder Satelliten zu verstehen. Je nach Intensität greift der Autofokus in die Steuerung des Antennenpositionierers ein. Einige Satellitenempfänger mit Positionierer sind mit dieser Funktion ausgestattet.

Azimut

Der Azimut wird in Grad angegeben und bezeichnet die vom Betrachter aus gesehene Himmelsrichtung, in der sich ein bestimmter Satellit befindet. Man nennt ihn auch Längenwinkel.

B-Mac

Professionelles Übertragungssystem für Satelliten-TV-Verbindungen. B-Mac wurde für den Direktempfang niemals eingesetzt.

Band

Als Band der einer bestimmten technischen Nutzung zugewiesene Frequenzbereich bezeichnet, z. B. Ku-Band: 10,7 bis 12,75 GHz.

Bandbreite

Einstellpunkt im Audiomenü bei Analogempfängern. Bei der analogen Satellitenübertragung sind – u. a. je nachdem, ob in Mono oder Stereo übertragen wird – verschiedene Audiobandbreiten gebräuchlich. Während Stereoton-Unterträger 150 bis 180 kHz benötigen, wird für einen Mono-Haupttonträger meist 280 kHz verwendet.

Beam

Darunter ist die Strahlungskeule eines Satelliten-Transponders zu verstehen. Seine Gestaltung bestimmt die Ausleuchtzone. Er kann, den gesetzten Erfordernissen entsprechend, spezielle Formen aufweisen, um ein bestimmtes Zielgebiet mit möglichst hohem Signalpegel zu versorgen.

Bit

Kleinste Einheit binärer Informatik. Das Bit kennt nur die Zustände 0 und 1. Ebenso kann man mit L(ow) und H(igh) operieren. Alle digitalen Informationen, also auch Bild- und Tonübertragungen, sind letztendlich auf diese beiden Zustände zurückzuführen.

Betacrypt

ist ein digitales Verschlüsselungssystem, das von der Premiere World nahen Firma Beta Research entwickelt wurde und auf einer Weiterentwicklung des Irdeto-Verschlüsselungssystems beruht. Betacrypt wird ausschließlich in Deutschland (Premiere World) und Österreich (ORF) eingesetzt. Zum Decodieren wird ein spezieller Receiver, die d-box, benötigt.

Byte

Als Byte bezeichnet man eine Gruppe aus 8 Bit.

CA

steht für Conditional Access (bedingter Zugriff). Bei so gekennzeichneten Sat-Receivern ist der Decoder integriert. CA-Receiver werden gern von Gebührenfernseh-Betreibern an den Mann gebracht. s. auch IRD

Carrier

Englisches Wort für eine Trägerfrequenz zur modulierten Übertragung von Audio und/oder Video

Cassegrain

Die Cassegrain-Antenne ist aus der Prime-Focus-Antenne hervorgegangen und besitzt einen zusätzlichen Subreflektor.

CAT

Unter CAT (Conditional Access Table) ist jener Datenstrom zu verstehen, der auf einem verschlüsselten Transponder übertragen wird und alle nötigen Informationen zur Entschlüsselung von Pay-TV-Programmen enthält.

CATV

steht für Community Antenna TV. Abkürzung für Verbreitungssysteme von TV-Signalen über Kabel.

C-Band

Der Bereich von 3,4 bis 4,2 GHz wird als C-Band oder 4-GHz-Bereich bezeichnet.

CI

bedeutet Common Interface (allgemeine Schnittstelle). Digital-Receiver mit CI sind für die Aufnahme von ein, zwei oder vier Decodiermodulen ausgelegt.

C-Mac

Vorläufer von D-/D2Mac. Wird heute nicht mehr angewendet.

C/N

Laut DIN wird ein Trägerrauschabstand (Carrier/Noise, Träger/Rauschen) für FM-Fernsehsignale von 15 dB für 27 MHz Bandbreite gefordert. Der C/N gibt an, um wie viele dB das Nutzsignal über dem Grundrauschen liegt. Je höher dieser Wert, umso besser der Empfang.

Combiner

Der Combiner ist eine passive Baugruppe mit zwei Eingängen und einem Ausgang. Er wurde vom Multischalter verdrängt, der wesentlich weniger Verlust verursachte.

Corotor

Eingetragenes Warenzeichen der Firma Chapparal, welches ein spezielles Polarisationssystem im C-Band bezeichnet.

Datenkompression

Mit Hilfe der Datenkompression werden digitalisierte Audio- und Videosignale auf einen Bruchteil ihrer Datenrate reduziert. Anwendung bei digitalem Satellitenfernsehen, DAB, DAT, MiniDisc und DVD

dB

s. Dezibel

dBm (dBW)

Leistungseinheit, die sich auf 1 mW (1 Milliwatt) bezieht. 0 dBm = 1 mW, 10 dBm = 10 mW, 20 dBm = 100 mW. s. Dezibel

dBmV (dBV)

Spannungseinheit, die sich auf 1 mV (1 Millivolt) bezieht. 1 dBmV = 1 mV, 10 dBmV = 3,16 mV, 20 dBmV = 10 mV. Der Signalpegel an Antennen- oder Verbindungssteckdosen für das Fernsehgerät wird oft in dBmV angegeben. s. Dezibel

d-box

Von Premiere Word vertriebener Digital-Receiver mit integriertem Betacrypt-Decodiermodul und wenig benutzerfreundlicher Bedienungsoberfläche zum Empfang des digitalen Premiere-World-Pay-TVs. Es gibt zwei Modelle: Während die d-box 1 nur von Nokia gebaut wurde, gibt es die d-box 2 auch von Sagem. Beide Modelle sind baugleich.

DBS-Band

Unter dem DBS-Band (Digital Broadcast via Satellite) versteht man den Frequenzbereich 11,7 bis 12,5 GHz. Man bezeichnet ihn auch als oberes Ku-Band.

Decoder

Unter einem Decoder ist ein externes oder im Satelliten-Receiver integriertes Gerät zum Entschlüsseln codierter Signale zu verstehen. Für jedes Verschlüsselungssystem ist ein eigener Decoder erforderlich.

De-Emphasis

bedeutet wortwörtlich übersetzt Rück-Anhebung, also besser Entzerrung. Es können verschiedene Arten von Entzerrung bei Audiosignalen gewählt werden, wie etwa Panda Wegener, Adaptiv, J17, 50 oder 75 μs. s. Emphasis

Deklination

Unter der Deklination ist der Korrekturwinkel der Elevation einer Parabolantenne zu verstehen. Sie ist abhängig vom Breitengrad der Empfangsanlage. Bei der Installation einer Drehanlage ist die korrekte Einstellung der Deklination maßgeblich für das einwandfreie Funktionieren der Anlage verantwortlich.

Dezibel

Das Dezibel ist ein Zehntel des nach Graham Bell benannten logarithmischen Verhältnismaßes Bel. Es ist in der Nachrichtentechnik allgemein stark etabliert. So wird damit die Dämpfung eines Kabels, ein C/N oder eine Verstärkung gekennzeichnet. Die Abkürzung ist dB.

digital

Der Begriff stammt vom lateinischen Wort digitus (zum Zählen benutzter Finger) ab. In der Digitaltechnik werden alle Informationen mit Ziffern und Zahlen dargestellt. Durchgesetzt hat sich ein System auf der Basis von lediglich 0 und 1, das Binärsystem.

Digital-Komprimierung

Während in der Analogtechnik jedes einzelne Fernsehbild vollständig übertragen wird, beschränkt man sich bei der Digitaltechnik mehr oder weniger darauf, nur die Änderungen im Bild zu übertragen. Gleichbleibende Inhalte werden zwischengespeichert, was Übertragungskapazität spart. So wird etwa bei der DVB-Norm nur jedes zwölfte Bild vollständig übertragen. Durch diese Komprimierung erreicht man eine beachtliche Datenreduktion.

Discret

System zur Verschlüsselung einiger Satellitenkanäle, welches auf zeitweiliger Phasenverschiebung der TV-Signale beruht.

DiSEqC

bedeutet Digital Satellite Equipment Control. Das gemeinsam von Eutelsat und Philips entwickelte System ermöglicht reichhaltige Schalt- und Steuerfunktionen. Es wird überall dort eingesetzt, wo man mit den traditionellen Steuersignalen nicht mehr auskommt.

D-Mac

Analoges Übertragungssystem, bei dem Helligkeit, Farbe und Ton in Multiplextechnik übertragen werden. Bei D-Mac können bis zu acht digitale Audiokanäle übertragen werden.

DNR

heißt Dynamic Noise Reduction und ist ein alternatives System zur Rauschreduzierung im Audiobereich. DNR hebt die Stärke der höchsten Frequenzen bei der Aufzeichnung an und stellt die normale Stärke bei der Wiedergabe wieder her.

Dolby Prologic

ist ein Raumklangsystem ähnlich Dolby Surround. Die Technik der digitalen Verzögerung wird ausgenutzt, um eine größere dynamische Leistung des Zentralkanals zu erreichen oder um ihm den Vokalkanal zuzuteilen, während auf den anderen vier Lautsprechern räumliche Effekte wiedergegeben werden.

Dolby Surround

Raumklangsystem für (Fernseh-)Filme und Video-Clips. Man erreicht eine akustische Einbeziehung des Zuschauers in das Geschehen. Das Klangambiente wird künstlich rekonstruiert, indem den klassischen Stereokanälen (vorne rechts und vorne links) drei Klangpunkte hinzugefügt werden: der Zentralkanal sowie die Kanäle hinten rechts und links.

Downlink

nennt man die Übertragungsstrecke vom Satelliten zur Erde. Die Downlink-Frequenzen werden vom LNC empfangen.

DSP

Digital Signal Processing. Weitläufige digitale Verarbeitung des Audiosignals, um seine Eigenschaften zu verbessern oder um Spezialeffekte zu erzielen.

DSR

Digital Satellite Radio. Erstes digitales Satellitenradiosystem. Es wurde über TV-Sat 2 und später Kopernikus 23,5° Ost übertragen. Auf einem Transponder fanden 16 digitale Radios ohne erwähnenswerte Datenkompression Platz. Das System wurde 1999 eingestellt.

Dual Feed

Bei der Dual-Feed-Lösung werden mit einer Satellitenantenne mindestens zwei Satelliten empfangen. Im Brennpunkt sind mehrere LNCs montiert. Je nach der Signalstärke der beiden ausgewählten Satelliten wird die Antenne entweder auf den schwächeren ausgerichtet, und der Konverter, der das stärkere Signal empfängt, „schielt" in den Spiegel oder bei gleich starken Satelliten wird die Antenne so ausgerichtet, dass beide Konverter leicht „schielen". Bei der Doppel-Feed-Lösung ist für die LNCs nicht die volle Größe der Satellitenantenne wirksam, deshalb ist ein etwas größerer Durchmesser anzuraten.

DVB

Digital Video Broadcasting nach dem MPEG-Standard wird beinahe weltweit für die digitale Übertragung von Fernseh- und Radioprogrammen verwendet. Da sich ein großer Teil der Programmanbieter für MPEG2 entschieden hat, kann diese Norm in weiten Teilen der Welt als Standard angesehen werden.

DVB-T

Digitales terrestrisches Fernsehen findet in Großbritannien, Schweden und Deutschland Anwendung, weitere Länder werden folgen. Laut EU-Beschluss soll in Europa DVB-T unser altes analoges TV bis etwa 2010 ablösen. Ähnliche Bestrebungen gibt es auch in Amerika, wo schon jetzt mehrere Stationen digital, allerdings nach einem anderen Standard senden. Bei DVB-T können derzeit drei bis acht digitale Kanäle, je nachdem, ob für mobilen oder stationären Empfang gedacht, auf einem analogen TV-Kanal übertragen werden.

D2Mac

ist eine Weiterentwicklung von D-Mac. D2Mac unterscheidet sich geringfügig in der Datenverarbeitung und in der geringeren Videobandbreite, außerdem stehen lediglich vier digitale Audiospuren zur Verfügung.

EIRP

Equivalent Isotropically Radiated Power. Ein Isotropstrahler (Kugelstrahler) würde die ihm zugeführte Leistung gleichmäßig im Raum verteilen. Der Beam eines Satelliten hat hingegen eine starke Richtwirkung. Er bündelt Energie. Die in Vorzugsrichtung abgestrahlte Leistung wird als EIRP bezeichnet und dBW angegeben.

Elevation

Unter der Elevation versteht man sozusagen die Schräge, mit der eine Satelliten-Empfangsantenne zum Satelliten zeigt. Die Elevation ist ein Maß dafür, wie viel Grad sich ein Satellit über dem Horizont befindet. Sie kann auch als Erhebungswinkel bezeichnet werden.

Emphasis

bedeutet Anhebung (hoher Frequenzen im Audiosignal). Das verbessert bei der Übertragung den Störabstand. s. De-Emphasis

EPG

heißt Electronic Program Guide (elektronischer Programmführer) und kann als eine Art Programmzeitschrift verstanden werden. Einzelne

Sender oder Sendergruppen bieten eine Vorschau auf ihre Programme, z. T. mit genauen Beschreibungen der Programminhalte, an.

Erhebungswinkel

s. Elevation

Eurocrypt

ist ein Verschlüsselungsverfahren für in D- oder D2Mac ausgestrahlte Programme. Zum Einsatz kommen zwei verschiedene Varianten: Eurocrypt M und S. Moderne Eurocypt-Decoder verarbeiten beide.

Eutelsat

Der Eutelsat-Organisation gehörten ursprünglich eine Reihe meist europäischer Mitgliedsstaaten an, die gemeinschaftlich eines der inzwischen weltweit größten Satellitennetze aufgebaut haben und betreiben. Eutelsat bietet neben Satellitendiensten für Europa, Afrika, und Asien auch Atlantikverbindungen nach Nordamerika an. Seit kurzem ist Eutelsat vollständig privatisiert.

F-Band

Das F-Band ist jenes Band, in das vom Satelliten kommende Signal vom LNC umgesetzt werden. Standard ist der Bereich 950 bis 1.750 MHz, vom erweiterten F-Band spricht man beim Bereich 700 bzw. 950 bis 2.150 MHz. s. auch IF Band

FDM

Frequency Division Multiplexing. FDM ermöglicht die gleichzeitige Übertragung mehrerer tausend Telefongespräche über einen Satelliten-Transponder. FDM findet Anwendung bei interkontinentalen Telefonverbindungen. Da es sich um einen analogen Standard handelt, wird er mittelfristig vollständig durch digitale Übertragungsverfahren ersetzt werden.

FEC

Die Forward Error Correction ist ein System zur Vermeidung von Fehlern auf dem digitalen Übertragungsweg.

Feedhorn

Element im Brennpunkt der Satellitenantenne, das die Signale sammelt, die der Parabolspiegel reflektiert. Andere Objekte dürfen nicht miteinbezogen werden. Das Feedhorn ist ein Primärstrahler einer Reflektorantenne und hat die Aufgabe, die von der Satellitenantenne reflektierten Signale zu bündeln.

Flachantenne

Flachantennen (Planarantennen) spielen im Ku-Band für den Empfang leistungsstärkerer Satelliten besonders im Campingbereich eine gewisse Rolle.

FM

Frequenzmodulation. Beim analogen Satellitenfernsehen werden Bild und Ton in FM übertragen.

FSS-Band

Unteres Ku-Band, d. h. Frequenzbereich 10,7 bis 11,7 GHz.

FTA

Free to Air. FTA-Receiver sind ausschließlich für den Empfang unverschlüsselter Programme ausgelegt. Eine nachträgliche Umrüstung für den Einsatz von Decodiermodulen ist nicht möglich. FTA Receiver gelten wegen ihres günstigen Preises auch als Einsteigermodelle beim digitalen Satellitenfernsehen.

F.U.N.

Das Free Universe Network sieht Decoder mit offenen Schnittstellen in der Hard- und Software vor. Durch ein Steckkartensystem sollen für heutige und zukünftige Pay-TV-Anbieter individuelle Zugangsberechtigungen ermöglicht werden. F.U.N. steckt derzeit noch in den Startschuhen.

GA

Betreiben mehrere Haushalte eine gemeinsame Empfangsanlage für terrestrische Sender und/oder Satellitenprogramme, so spricht man von einer Gemeinschafts-Antennenanlage (GA).

geostationäre Position

Darunter ist jene Umlaufbahn zu verstehen, auf der sich ein Satellit bewegt, wenn er sich 36.000 km über der Erde befindet. Dann nämlich steht er im Vergleich zur Erde still. Ein geostationär positionierter Satellit verweilt also im Gegensatz zu umlaufenden Satelliten scheinbar bewegungslos an einem festen Punkt des Äquators.

Gewinn

Bei Antennen spricht man von Gewinn. Je höher diese Dezibel-Angabe, umso besser ist die Richtwirkung. Je höher also der Gewinn einer Antenne ist, umso schwächere Signale können in zufriedenstellender Qualität empfangen werden.

GGA

Eine Großgemeinschaftsanlage kommt dem Kabelfernsehen schon sehr nahe und ist bei größeren Gebäudekomplexen oder Siedlungen anzutreffen. Eine GGA kann mehrere 100 Teilnehmer haben. Meist wird eine Auswahl von Satellitenprogrammen auf VHF/UHF-Kanälen übertragen.

GHz

Ein Gigahertz (GHz) bedeutet eine Milliarde Schwingungen pro Sekunde.

Global Beam

Ein Global Beam versorgt den ganzen von der Orbitposition des Satelliten sichtbaren Bereich, das sind immerhin 40 % der Erdoberfläche.

G/T

G/T (Gewinn der Antenne/(Rausch-)Temperatur des Konverters). Das G/T wird auch Gütefaktor genannt und häufig dazu benutzt, um Spiegelgröße oder Rauschtemperatur bzw. Rauschmaß zu ermitteln. Es gibt die Qualität einer Empfangseinheit an. Der G/T-Wert steigt mit der Größe der Satellitenantenne und der Frequenz.

Halb-Transponder-Betrieb

Im Gegensatz zu Astra sind andere Satellitensysteme mit 72 MHz (und mehr) breiten Transpondern ausgestattet. Da ein analoges Fernsehprogramm weniger als die Hälfte dieser zur Verfügung stehenden Bandbreite belegt, können über einen Transponder zwei Sender abgestrahlt werden. Allerdings steht hier für jedes Programm nur ein Teil der Sendeleistung zur Verfügung, und es werden am Empfangsort etwas größere Antennendurchmesser benötigt.

HDTV

High Definition TV. Verunglückter Versuch, ein hochauflösendes Fernsehsystem mit dem Format 16:9 und 1.250 Zeilen sowie digitalem Ton einzuführen.

Hemi-Beam

Abstrahlungsart, wie sie vornehmlich im C-Band eingesetzt wird. Man erreicht mit dem Hemi-Beam etwa die Hälfte der Hemisphäre und deckt so etwa 20 % der Erdoberfläche ab.

HF-Anschlüsse

Verfügt ein Fernsehgerät noch nicht über eine Scart- oder Chinch-Eingangsbuchse, so muss der Satelliten-Receiver über den HF-Ausgang mit dem HF-Eingang des Fernsehgeräts verbunden werden. Die HF-Buchse am TV ist schlicht die IEC-Antennenbuchse für terrestrische Signale. Im Gegensatz zu AV-Anschlüssen ist die Bildqualität etwas schlechter, und der Ton wird nur in Mono wiedergegeben.

H-H-Mount

Halterung mit integriertem Motor und Getriebe zum Drehen von kleinen bis mittleren Parabolantennen. Beim klassischen H-H-Mount wird nur der Azimut abgefahren. Im Gegensatz zur zweiachsgesteuerten Dreheinrichtung muss der H-H-Mount sehr exakt montiert und justiert werden. Befindet sich ein Satellit im inklinierten Orbit, kann dieser nicht exakt angesteuert werden. Dazu wäre eine Zweiachssteuerung nötig.

Hotbird

Eutelsat betreibt auf 13° Ost eine Reihe copositionierter Satelliten, die unter dem Namen Hotbird vermarktet werden. Auf der Eutelsat-Hotbird-Position werden einige analoge, aber vor allem Hunderte digitaler Rundfunk- und TV-Programme für Europa und angrenzende Regionen übertragen.

IF Band

Intermediate Frequency, also Zwischenfrequenz-Band, das beim Satelliten-Direktempfang benutzt wird: 950-1.750 MHz (Standardband), 950-2.050 MHz (erweitertes Band), 700-2.050 MHz (nochmals erweitertes Band). s. auch F-Band

inklinierter Orbit

Ältere Satelliten werden gegen Ende ihrer Lebensdauer vom Satellitenbetreiber gern in den inklinierten Orbit versetzt. Dabei wird der Satellit nicht mehr so exakt auf seiner Position gehalten, sondern bewegt sich in einem räumlichen Fenster hin und her. Dadurch wird der zur Neige gehende Treibstoff für die Steuerdüsen gespart, und die Lebensdauer des Satelliten verlängert. Abweichungen von einigen Graden von der Idealposition sind möglich. Im inklinierten Orbit betriebene Satelliten lassen sich ohne Zweiachssteuerung nur schwer empfangen.

Intelsat

Internationale Satellitenbetreiber-Organisation mit mehr als 150 Mitgliedsländern mit Sitz in Washington D. C.

Interaktives TV

Beim interaktiven Fernsehen kann der Zuschauer aktiv ins Geschehen eingreifen. So kann er etwa bei Premiere World bei Formel 1 Übertragungen aus bis zu sechs Kameraperspektiven gleichzeitig wählen.

IRD

Integrated Receiver Decoder, also ein Satelliten-Receiver mit fix eingebautem Decoder, s. CA

Irdeto

digitales Verschlüsselungsverfahren

K-Band

Frequenzbereich von 10,7 bis 36 GHz

Ka-Band

Frequenzbereich um 20 GHz

Kelvin

Das Rauschen eines LNCs für C- oder S-Band wird als Rauschtemperatur in (Grad) Kelvin angegeben. Je niedriger dieser Wert, umso besser ist das LNC.

Koaxialkabel

Rundkabel mit Innenleiter und schirmendem Außenleiter, z. B. zur Verbindung der Antenne mit dem Empfangsgerät

Konverter

Mit Konverter bezeichnet man in der Satellitentechnik einen LNB oder LNC.

Ku-Band

Frequenzbereich von 10,7 bis 12,75 GHz

Längenwinkel

s. Azimut

Level

1. Niveau, Version
2. Pegel

LNB

Low Noise Block Converter, Konverter, der mindestens ein ganzes Band verarbeitet

LNC

Low Noise Converter, Konverter, der eine beachtliche Bandbreite besitzt, aber kein ganzes Band verarbeitet

L-Band

1,5-GHz-Band, wird u. a. verwendet von Meteosat (Wettersatellit)

LO

Local Oscillator, Bestandteil eines Konverters

LOF

Local Oscillator Frequency, Frequenz des LOs. Um diese Frequenz ist das Sat-ZF-Signal geringer als das Sat-Empfangssignal. Jedes Band hat einen eigenen, genormten LOF-Wert.

Luminanz

Die Luminanz ist jener Teil des Videosignals, das für die Helligkeit verantwortlich zeichnet.

Mac

Multiplex analogue components. Bei allen Mac-Systemen, also B-, C-, D- und D2Mac, werden die Bild und Toninformationen zeitlich hintereinander übertragen, wobei diese in Chrominanz-, Luminanz-, Audio- und Dateninformationen unterteilt werden. Der Ton wird digital übertragen.

magnetischer Polarizer

Mit dem magnetischen Polarizer lässt sich die Polarisation stufenlos einstellen. Er besitzt zwei Anschlüsse.

MCPC

Multi Channel Per Carrier. Bei MCPC werden mehrere digitale Programme gemeinsam über einen Transponder übertragen. Anstatt eines analogen Senders finden bei guter Bildqualität acht bis zehn TV-Kanäle Platz.

Mesh-Antenne

Mesh heißt Masche, diese Antennen bestehen aus einem Gittergeflecht. Aufgrund der tiefe-ren Frequenzen im C-Band haben sie hier etwa den gleichen Wirkungsgrad wie solide Vollspiegel. Im Ku-Band ist jedoch der Wirkungsgrad sehr schlecht.

Mehrteilnehmer-Anlage

Empfangsanlage, die mehrere Satelliten-Receiver versorgt

Modulator

Der Modulator ist im Videorecorder und im Satelliten-Receiver eingebaut, um das Antennenkabel für die Verbindung mit dem Fernsehgerät zu nutzen. In den Satelliten-Gemeinschaftsanlagen wird der Modulator dazu benutzt, einen TV-Kanal zu erzeugen, auf dem man ein Satellitenprogramm verteilen kann, und zwar gemeinsam mit den terrestrischen Programmen, ohne das Netz und die Teilnehmerbuchsen zu verändern. Der Modulator setzt also ein AV-Signal auf VHF oder UHF um.

MPEG

Motion Picture Expert Group. MPEG ist eine Norm zur Komprimierung von Fernsehbildern. Es gibt verschiedene MPEG-Varianten.

MPEG 1

wird seit einiger Zeit für Optical Discs verwendet und ist qualitativ vergleichbar mit einer mittelmäßigen Videokassette.

MPEG 1,5

Vorläufer des heute weit verbreiteten MPEG 2. Obwohl MPEG 1,5 nicht so ausgereift ist, senden einige Anbieter nach diesem System.

MPEG 2

Heute weitgehender Standard, nach dem Digitalfernsehen für den Endverbraucher, sowohl über Satellit als auch über Kabel, verbreitet wird.

MPEG 4.2.2

Höherwertige Weiterentwicklung von MPEG2. Wird für diverse Überspielungen für geschlossene Benutzergruppen angewendet.

Multifeed

Die Multifeed-Technik erlaubt mit einer Satellitenantenne den gleichzeitigen Empfang mehrerer Satelliten. Für jede zu empfangende Orbitposition ist ein eigener Konverter (etwa) im Brennpunkt der Antenne zu montieren. Die LNCs „schielen" zu den Satelliten. Daher sollte die Antenne für die populären europäischen Satelliten mindestens 90 cm Durchmesser aufweisen. Aufgrund der unterschiedlichen Elevation können nur benachbarte Positionen empfangen werden.

Multiplex

Beim Multiplex werden mehrere Informationen, wie etwa verschiedene Radio- oder Fernsehprogramme, verschachtelt über einen Träger übertragen. In der Fernsprechkommunikation können mit dem Multiplex-System mehrere Millionen Gespräche über eine Funkverbindung übertragen werden.

Multischalter

Mit dem Multischalter werden die von einem oder mehreren Konvertern empfangenen Signale auf mehrere Satellitenempfänger verteilt. Multischalter haben vier oder acht Sat-ZF-Eingänge und meist auch die Durchschleifmöglichkeit für terrestrische Signale sowie mindestens vier Ausgänge.

Narrow Band

Unter Narrow Band versteht man ein enges Frequenzband, das in der Satellitentechnik im Videobereich unter 27 MHz und im Audiobereich unter 200 kHz breit ist.

Nebenkeulen-Dämpfung

Die Nebenkeulen-Dämpfung ist ein wichtiges Maß für die Störsicherheit benachbarter Satelliten, die ihre Programme auf der gleichen Frequenz und Polarisationsebene abstrahlen.

Network ID

Netz-Identifizierungsnummer

NIT

Network Information Table. Unter NIT ist eine Tabelle im digitalen Datenstrom zu verstehen, in der Informationen über ein oder mehrere Programmpakete, aber auch über eine ganze Satellitenposition enthalten sein können.

Noise

Rauschen, Störung. Die Qualität eines Satellitensignals wird als Verhältnis vom (hier konstanten) Träger (Carrier) und dem Noise ausgedrückt: C/N.

Noise Figure

Rauschmaß, s. dort

Noise Temperature

Rauschtemperatur, s. dort

NSS

Im Zuge der Teilprivatisierung der Satellitenorganisation Intelsat kam es zur Gründung des unabhängigen Satellitenbetreibers New Skies Satellites. NSS verfügt über fünf ehemaliger Intelsat-Satelliten und agiert als vollständig selbstständiges Unternehmen.

NVOD

Near Video On Demand. System zur Bestellung von Programmen

Offset-Antenne

Offset heißt Versatz, Schräge. Die Schüssel zeigt nicht direkt zum Satelliten, sondern zu einem tieferen Punkt, dadurch verlagert sich der Brennpunkt der Sat-Strahlung nach unten. Offset-Antennen haben sich bei kleinen Antennedurchmessern beim Individualempfang weitgehend durchgesetzt. Wandmontage lässt sich leicht realisieren. Schnee bleibt in solchen Antennen kaum liegen.

OMT

Ortho Mode Transducer. Unter OMT versteht man ein System, bei dem zwei LNCs mit verschiedenen Empfangsebenen miteinander verbunden werden. So stehen diese in Gemeinschaftsanlagen gleichzeitig zur Verfügung.

Open TV

Unter Open TV ist ein von Thomson entwickeltes, vom Pay-TV-Anbieter unabhängiges System für interaktive Dienste, das in international verbreiteten Digitalempfängern Anwendung finden kann. Open TV steht derzeit noch in den Startlöchern.

optischer Sensor

Der optische Sensor ermöglicht, wie auch der Reed-Sensor, die Steuerung einer drehbaren Antenne. Er ist im Drehmotor eingebaut und liefert Impulse, die es ermöglichen, Satellitenpositionen in einem Positionierer abzuspeichern. Die Impulse werden mit einer Lichtschranke erzeugt. Der optische Sensor ist weniger verbreitet als der Reed-Sensor.

Orbit

1. Umlaufbahn eines Satelliten um die Erde.
2. Arabisches Pay-TV Paket. Orbit sendet in MPEG 1,5 und 2. Die zu abonnierenden Sender können individuell ausgewählt werden, wobei eine monatliche Mindestgebühr von 50 US-Dollar erreicht werden muss. Orbit kann auch im deutschsprachigen Raum bestellt werden. Neben arabischen Programmen werden attraktive englische Sender, wie etwa der Sportsender ESPN, angeboten.

OSD

Beim On Screen Display werden alle Parameter auf dem Bildschirm abgebildet. Die Bedienung eines modernen Satelliten-Receivers ohne OSD wäre heutzutage beinahe undenkbar. Sowohl die tägliche Bedienung wie auch die Installation eines Geräts erfolgen über das OSD.

PAL

Phase Alternated Line. Von Walter Bruch bei Telefunken entwickeltes Farbfernsehsystem, das seit 1967 eingesetzt wird. Durch unterschiedliche Phasenlage bei der Farbübertragung und größeren Toleranzwinkel sind Farbverfälschungen unbekannt. PAL ist das jüngste der drei analogen Farbfernsehsysteme. Einsatz vor allem in Europa, Asien und Afrika

PAL Plus

Weiterentwicklung des PAL-Systems für 16:9-Bilder in voller Schärfe. PAL Plus ist mit PAL kompatibel. Es wird aber aus Kostengründen von den TV-Anstalten kaum angewendet. Normale 16:9-Sendungen sind nicht mit PAL Plus zu verwechseln.

Parabolantenne

Die Parabol- oder Prime-Focus-Satellitenantennen kann man sich als aus einer Kugel herausgeschnitten vorstellen. Sie sind also kreisrund. Brennpunkt und Mittelpunkt des Kreises sind identisch. Diese Antennen werden vor allem bei Durchmessern ab etwa 1,5 m verwendet.

Parental Control

System, das es Eltern erlaubt, Programme, zu sperren

Parental Lock

Kanal-Sperrfunktion in Satelliten-Receivern. Mit ihr können einzelne, am Receiver abgespeicherte Programme dem Zugriff nicht berechtigter Personen entzogen werden. Das Freischalten erfolgt über einen über die Fernbedienung einzugebenden Zahlencode.

PAS

PanAmSat, weltweit erster privater Satellitenbetreiber. PAS unterhält eine weltweit operierende Satellitenflotte.

Pay per Movie

Gebühren sind nur für tatsächlich gesehene Filme zu entrichten

Pay per View

Gebühren werden nur für tatsächlich konsumierte Dienste verrechnet

Pay TV

verschlüsselte Programme, die nur gegen Entrichtung einer monatlichen oder jährlichen Gebühr und unter Zuhilfenahme eines Decoders gesehen werden können

PCR

Der PCR PID(Program Clock Recovery) wird bei digitalen Übertragungen für die Synchronisation von Audio- und Videosignalen verwendet.

PCMCIA

Aus dem Computerbereich bekannte Schnittstelle, die vor allem in Laptops zur Aufnahme von Modems usw. Anwendung findet. Alle gängigen Digital-Receiver mit CI Slot(s) für Decodiermodule sind damit ausgerüstet. So wird sichergestellt, dass man jederzeit ein Entschlüsselungsmodul seiner Wahl in einem CI Receiver verwenden kann.

PID

Package Indentifier. Die PID-Adresse identifiziert das empfangene Signal. Mittels der PID Codes (Program Identifier) werden aus einem digitalen Programmpaket die Video- und Audiosignale eines bestimmten Programms herausgefiltert. Es gibt eigene PID Codes für das Audio- und Videosignal sowie den PCR PID.

PIN Code

Personal Identification Number. Zahlen oder Buchstabenkombinationen zum Sperren und Öffnen von Geräten oder Programmen. Der PIN Code ist auch von Mobiltelefonen oder Bankkontokarten bekannt.

PIP

Picture In Picture. Mit der Bild-im-Bild-Funktion wird in das laufende Fernsehbild ein zweites, kleineres Bild eingeblendet. Dies stammt entweder vom AV-Eingang oder von einem zweiten im Fernsehgerät integrierten Tuner.

Planarantenne

Flachantenne, s. dort

PLL

Phase Locked Loop. Regelsystem, das eine sehr genaue und konstant Einstellung des Tuners auf die zu empfangende Frequenz gewährleistet.

Polarisation

In der Satellitentechnik werden zur Übertragung von Programmen bzw. allgemeinen Diensten bis zu vier verschiedene Polarisationen angewendet. Die Polarisation gibt die Lage des elektrischen Feldvektors gegenüber der Erdoberfläche an. Bei linearer Polarisation ist die Lage unverändert, bei zirkularer ändert sie sich ständig in einer Drehbewegung. Während im Ku-Band vorwiegend lineare Polarisation, horizontal oder vertikal, angewendet wird, findet man im C- und im S-Band auch links- und rechtsdrehend zirkulare Polarisation.

Polarisationstrennung

Die Polarisationstrennung ist für die Kanaltrennung frequenzgleicher, aber in der Polarisation verschiedener Signale verantwortlich. Arbeitet sie schlecht, können sie sich gegenseitig stören.

Polarizer

Der Polarizer schaltet die einzelnen Polarisationsebenen, also horizontal, vertikal, links- oder rechtszirkular. Er ist entweder in der Empfangseinheit integriert und schaltet je nach angelegter Speisespannung zwischen vertikal und horizontal, oder er wird, vor allem bei größeren Drehanlagen, als externes Gerät verwendet. Dabei kommen magnetische oder mechanische Polarizer zum Einsatz. Der Einsatz eines externen Polarizers ist bei motorgesteuerten Antennen wegen der gradgenauen Einstellmöglichkeit unerlässlich.

Polarmount

Darunter ist ein mechanisches Halterungssystem von Parabolantennen bei motorgesteuerten Drehanlagen zu verstehen. Die Polarmount-Halterung ermöglicht das Schwenken der Antenne entlang der Polarachse. Die Antenne wird von einem linearen Stellantrieb bewegt. Er sorgt dafür, dass mit dem horizontalen Schwenk auch die Elevation nachgeführt wird.

Polarotor

Eingetragenes Warenzeichen von Chaparral das einen von dieser Firma hergestellten mechanischen Polarisator kennzeichnet.

Positionierer

Der Positionierer übernimmt die Steuerung einer drehbaren Satellitenanlage. Obwohl es ihn noch als Stand-alone-Geräte gibt, ist er meist in Satelliten-Receivern der Oberklasse fix integriert.

PowerVU

Digitale Übertragungsart, die teilweise von im DVB-Standard arbeitenden Digitalempfängern dargestellt werden kann. PowerVU-Signale können frei oder verschlüsselt sein.

Prime-Focus-Antenne

Parabolantenne, s. dort

QAM

Quadratur Amplitude Modulation. Das Modulationsverfahren wird für die Übertragung digitaler Programmpakete im Kabel-TV eingesetzt.

QPSK

Quadratur Phase Shift Keying. Das Modulationsverfahren wird für die Übertragung digitaler Programme über Satellit angewendet.

Quattroband-LNC

Mit dem Quattroband-LNC kann genauso wie mit dem Universal-LNC das gesamte Ku-Band empfangen werden. Die LOF für das untere Band von 10,7 bis 11,7 GHz beträgt 9,75 MHz, für das obere Band (11,7 bis 12,75 GHz) 10,75 MHz. Quattroband-LNCs gibt es nur ohne integrierten Polarizer und Feedhorn. Sie werden vor allem in Drehanlagen, an einem Feedhorn mit Polarizer montiert.

Rauschmaß

Das Rauschmaß drückt das elektronische Eigenrauschen eines Verstärkers oder Konverters aus.

Rauschtemperatur

In C- und S-Band wird statt des Rauschmaßes die Rauschtemperatur angegeben. Diese Angabe in Kelvin kann in das Rauschmaß (in dB) umgerechnet werden.

RCA-Anschluss

Buchse oder Stecker amerikanischer Norm (nach der Firma RCA) zur Verteilung von Audio- und Videosignalen. Für linken und rechten Audiokanal sowie Videosignal ist je eine eigene Buchse vorhanden.

Reed-Sensor

Spezielle Vorrichtung zur Unterbrechung eines elektrischen Kontakts, die auf das magnetische Feld im Innern von H-H-Motoren oder linearen Stellantrieben reagiert. Entsprechend der Lage werden elektrische Impulse geliefert. Auch als Reed-Relais bekannt

Reflektor

Der Reflektor bündelt Strahlung im Brennpunkt der Satellitenantenne.

RS.232

Serielle Schnittstelle aus dem PC-Bereich. Die meisten Digital-, aber auch einige Analog-Receiver sind damit ausgestattet. Sie ermöglicht das Einspielen neuer Softwareversionen oder das Bearbeiten von Programmlisten auf dem PC.

S-Band

Bereich von 2,5 bis 2,75 GHz. Auf älteren Arabsats und Insats wurden im 2,5-GHz-Bereich einige wenige TV-Programme übertragen.

Satellit

Ein Satellit ist ein künstlicher Himmelskörper, der auf einer festen Umlaufbahn im Weltall schwebt und als Rundfunksatellit Signale, die er von der Bodenstation empfängt, verstärkt und auf anderen Frequenzen in bestimmte Regionen der Erde abstrahlt.

Scart

21-poliger Steckverbinder für hochwertige AV-Verbindungen zwischen Videokomponenten. So wird u. a. das Videosignal in seinen Grundkomponenten übertragen. Scart-Verbindungen haben sich außerhalb Europas eher nicht durchgesetzt.

SCPC

Single Carrier Per Channel. Es wird für jedes Programm eine eigene Trägerfrequenz benutzt.

SES

Societe Europeenne des Satellites. Betreiberin der Astra-Satellitenflotte mit Sitz in Betzdorf, Luxemburg.

Scrambling

Englisches Wort für verschlüsseln. Scrambling wird dann angewendet, wenn ein Programmanbieter seine Signale nur bestimmten Personen zugänglich machen will. Diese Autorisation kann etwa durch Entrichten einer Pay-TV-Gebühr erfolgen.

SCSI

Hochgeschwindigkeits-Datenschnittstelle für z. B. CD-ROM-Laufwerke, Fotodisk...

SECAM

Sequence Couler a Memoire. Dieses in Frankreich entwickelte Farbfernsehsystem hatte eine weite Verbreitung in Ländern mit starkem französischen Einfluss (ehemalige Kolonien) und in Osteuropa. Während Frankreich nach wie vor an SECAM festhält, hat die Mehrzahl der anderen Länder längst auf PAL umgestellt.

Service ID

Da bei digitalen Übertragungen auf einen Transportstrom die Daten mehrerer Dienste gleichzeitig vorliegen, benötigt man die Service ID, um einen bestimmten Dienst herauszufiltern.

Set-Top-Box

ist eine andere Bezeichnung für Digitalempfänger, die daher rührt, dass es sich um ein auf den Fernseher zu stellendes Gerät handelt. Mit der Set-Top-Box können also digitale Signale in analoge umgewandelt werden, die der Fernseher darstellen kann.

SimulCrypt

Wird ein TV- oder Radio-Programm nach zwei unterschiedlichen Verfahren verschlüsselt, spricht man von SimulCrypt. Für Sendeanstalten ist das dann von Interesse, wenn zwei Märkte, in denen sich unterschiedliche Decodiersysteme etabliert haben, bedient werden sollen.

Singleband-LNC

Singleband-Konverter empfangen nur einen einzigen Frequenzbereich (wie etwa 12,5 bis 12,75 GHz) ohne Umschaltung der Empfangsebene.

Skew

Die genaue Polarisationseinstellung (Skew) des Polarizers ist bei schwenkbaren Antennen unentbehrlich und muss für jeden Kanal durchgeführt werden, um die bestmögliche Empfangsqualität zu erreichen. Bei der Skew-Regulierung ändert sich die Stromspannung für den magnetischen Polarizer oder der Impuls für den mechanischen Polarizer.

Smart-Card

Smart-Cards haben die Größe einer Kreditkarte und werden zum Freischalten verschlüsselter Pay-TV-Angebote benötigt. Decoder besitzen einen Aufnahmeschacht, wo diese Karten eingesteckt werden müssen.

SMATV

Ein SMATV-System (Gemeinschafts-Satellitenanlage) ermöglicht mehreren Haushalten die gemeinsame Nutzung der selben Ressourcen beim Empfang von Satellitensignalen.

SMS-Band
Das SMS-Band kennzeichnet den auch als Telecomband bekannten Frequenzbereich 12,5 bis 12,75 GHz.

Spartenkanäle
Spartenkanäle sind Sender, die sich bestimmten Programminhalten widmen, z. B. Musik-, Nachrichten- oder Sportsender.

Spikes
Beim analogen Fernsehen entstehen Spikes durch zu geringen Pegel bzw. zu geringem Rauschabstand. Sie werden in der Umgangssprache auch als Fischchen oder Rauschen bezeichnet.

Spotbeam
Beim Spotbeam wird die Ausleuchtung auf ein kleines Gebiet konzentriert, wodurch dort eine hohe Signalstärke zur Verfügung steht, sodass nur kleine Empfangsantennen notwendig sind.

Superbeam
Beim Superbeam ist die Ausleuchtzone an der Erdoberfläche klein und die Strahlungsleistung, also die EIRP sehr hoch.

Symbol-Rate
Die Symbol-Rate gibt die Größe des gesendeten Digitalpakets an.

Teleshopping
Teleshopping ist eine Einkaufsform, bei der verschiedene Waren auf Teleshopping-Kanälen (Einkaufssender) präsentiert werden und man diese sofort über eine eingeblendete Telefonnummer bestellen kann.

terrestrisch
Jede erdgebundene Funkübertragung wird als terrestrische Übertragung bezeichnet.

Tonunterträger
Fernsehsender besitzen mindestens einen Tonunterträger, der den Begleitton überträgt. Auf den Tonunterträgern eines analogen Fernsehprogramms können der TV-Stereoton und/oder verschiedene analog bzw. nach dem ADR-Verfahren sendende Radiostationen übertragen werden.

Trägerrauschabstand
C/N, s. dort

Transponder
Ein Transponder ist ein breitbandiger Umsetzer auf dem Satelliten. Er kann mindestens ein analoges TV-Programm oder ein digitales Paket übertragen.

Treshold-Level
Schwellenpegel, exakter FM-Schwelle. Bezeichnung für die kleinstmögliche Signalstärke, die ein Receiver ungestört verarbeiten kann. Der Treshold-Level wird bei Sat-Receivern in Dezibel (dB) angegeben. Je niedriger er ist, umso empfindlicher ist ein Receiver. Der optimale Treshold-Level eines Receivers kann bei 6 dB liegen.

TS
Transport Stream. Dient zur Signalüberwachung; „no TS" bedeutet, dass kein Signal empfangbar ist.

Twin LNC
Beim Twin LNC sind in einem Gehäuse zwei unabhängige LNCs mit je einem Anschluss eingebaut. Sie erlauben den gleichzeitigen und unabhängigen Betrieb von zwei Satellitenempfängern.

Twin Receiver
Im Twin Receiver sind in einem Gehäuse zwei voneinander unabhängige Empfangs-Eingangsteile (Tuner) eingebaut. Während die Signale eines Empfangsteils sowohl via HF- und Scart-Buchse ausgegeben werden, steht der zweite Tuner nur an einer Scart-Buchse zur Verfügung.

UHF

Ultra High Frequency. Dieser Bereich bietet für die Rundfunkübertragung die Bänder 470 bis 860 (bzw. NTSC-Länder 890) MHz. Verwendet wird er für terrestrische TV-Übertragungen und Kabeleinspeisungen.

Universal-LNC

Ein Universal-LNC kann das gesamte Ku-Band empfangen. Er arbeitet mit zwei unterschiedlichen LOFs (unteres Band 9,75 MHz, oberes Band 10,6 MHz).

Unterträger

Ausdruck für einen untergeordneten Träger. Bei der analogen TV-Satellitenübertragung werden mehrere Untenträger für den Stereo-Fernsehton, analoges Radio oder auch ADR genutzt. Es handelt sich also um Tonunterträger. Ein Tonunterträger wird durch den Abstand zum Hauptträger (hier Fernsehsignal-Träger) definiert. Der Mono-Haupton-Unterträger liegt, je nach Satellitensystem, bei 6,50 oder 6,60 MHz. Bei exotischen Satelliten kommen auch andere Haupton-Unterträger zur Anwendung. Das erste Stereo-Unterträgerpaar liegt bei 7,02 und 7,20 MHz.

Uplink

Signalzuführung von der Bodenstation (z. B. TV Anstalt) zum Satelliten.

VCO

Voltage Controlled Oscillator (spannungsgesteuerter Oszillator). Abkürzung für einen Oszillator, dessen Frequenz durch seine Steuerspannung bestimmt wird.

VHF

Very High Frequency. Der VHF-Bereich gliedert sich in drei Teilbereiche: VHF1 47 bis 68 MHz, VHF2 entspricht weitgehend dem UKW-Hörfunkband und VHF3 ca. 174 bis 230 MHz. Hier werden z. T. Satellitensignale verteilt.

Videobandbreite

Charakteristikum des Video-ZF-Bereichs eines Empfängers. Im Satellitenempfang ist die Bandbreite abhängig von der Abweichung des zu empfangenden Kanals.

Videocrypt

Das analoge Verschlüsselungsverfahren gab es in zwei Varianten. Während VC2 schon nach wenigen Jahren wieder eingestellt wurde, war VC1 eine längere Präsenz beschert. VC1 wurde in Europa vom britischen Pay-TV-Veranstalter BSkyB verwendet. Durch die Umstellung auf digital wurde VC1 im Laufe des Jahres 2001 aufgegeben.

Video-De-Emphase

Korrektur des demodulierten Videosignals zur Wiederherstellung der Originalform. Die während der Übertragungsphase besonders verstärkten (Emphase) hohen Frequenzen werden wieder gedämpft. Das insgesamt hilft, Bildstörungen zu reduzieren.

Videohub

Die TV-Programme werden vom Satelliten mit unterschiedlichem Videohub abgestrahlt. Die Einstellung des Videohubs (z. B. 16 MHz oder 27 MHz) wirkt sich direkt auf die Bildhelligkeit aus.

Video on Demand

s. Pay per View

Videopolarität

Die im Ku-Band übertragenen Fernsehsender werden mit positiver, jene im C-Band mit negativer Videopolarität übertragen.

VPS

Video Programm System. Mit Hilfe des VPS-Signals werden mit Timer programmierte Videorecorder bei Programmverschiebungen erst zur tatsächlichen Sendezeit des aufzuzeichnenden Programms eingeschaltet.

Wegener Panda 1

weit verbreitetes analoges Tonübertragungssystem

Wide

Bei Video- und Audio-Zwischenfrequenzen wird die größtmögliche Bandbreite eines Satelliten-Receivers als Wide bezeichnet. Wide-Bandbreiten sind 27 MHz für die Video- und 280 kHz für die Audio-ZF. Einigen Receivern bieten noch höhere Werte.

Widebeam

Mit dem Widebeam wird bei der Satellitenabstrahlung die Erdoberfläche möglichst weiträumig abgedeckt und erreicht so ein Maximum an Teilnehmern.

WorldSpace

ist ein digitales Satellitenradiosystem, das derzeit zwei Satelliten, AfriStar und AsiaStar, etreibt. Die Inbetriebnahme des dritten Satelliten, AmeriStar, wird etwa zu Beginn des Jahres 2002 erfolgen. Es werden im 1,5-GHz-Bereich Radioprogramme und Datendienste aus bzw. für die ärmsten Regionen der Welt übertragen. WorldSpace hat sich zum Ziel gesetzt, Gebiete mit unzureichender Infrastruktur mit Informationen zu versorgen.

Nebenbei ist es mit diesem Satellitsystem auch erstmals möglich, via Satellit abgestrahlte Rundfunksender mobil zu empfangen.

X-Band

Frequenzbereich zwischen 7,25 und 8,4 GHz. Das X-Band ist ausschließlich militärischen Zwecken vorbehalten.

Yagi-Antenne

Die Yagi-Antenne ist die am weitesten verbreitete Bauform bei terrestrischen Fernsehantennen. Mit ihr lassen sich auch Satellitenabstrahlungen, wie etwa WorldSpace im 1,5 GHz Bereich, empfangen.

ZF

Unter der Zwischenfrequenz (ZF) verstehen wir beim Satellitenempfang die Ausgangsfrequenz des LNCs zwischen 950 und 2.150 MHz.

22-kHz-Steuersignal

Das 22-kHz-Signal ist ein Schaltkriterium, das am LNC-Eingang eines Satelliten-Receivers angeboten werden kann. Damit lässt sich, ohne eine zusätzliche Steuerleitung verlegen zu müssen, z. B. bei einem Universal-LNC der Frequenzbereich umschalteten.

Themen jeder Ausgabe:

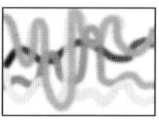

Analoge und digitale
Frequenztabelle

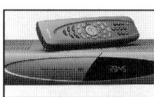

Neue Produkte

Programmtipps

Praxiswissen für
besseren Empfang

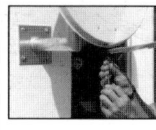

Tipps & Tricks

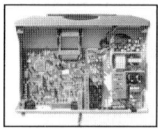

Hintergrundinfos

Kaufempfehlung

Testberichte

Internet

... und vieles mehr

Wer mehr über Satelliten-Empfang und die hierzu notwendige Technik erfahren möchte, findet alles Wissenswerte in diesem Magazin. Auf 84 Seiten gibt das Heft Tipps & Tricks zur Installation einer Anlage, informiert über neue Programme und Frequenzen und stellt die neuesten digitalen Empfangsgeräte vor. Highlight zum Herausnehmen ist eine umfangreiche Frequenztabelle zum Empfang von Fernseh- und Radioprogrammen. Genießen auch Sie künftig die neue Programmvielfalt.

Nur € 4,20

Alle zwei Monate neu bei
Ihrem Zeitschriftenhändler

Der vth-Bestellservice
☎ 07221/508722
per Fax 07221/508733
Internet: www.vth.de
✉ Verlag für Technik
und Handwerk GmbH,
76526 Baden-Baden

Fordern Sie heute noch
ein Probeheft KOSTENLOS
oder die aktuelle Ausgabe
für € 4,20 an!

vth *Verlag für Technik und Handwerk GmbH • Baden-Baden*